智能算法优化及其应用

杨兴江 ◎ 著

西南交通大学出版社

·成 都·

图书在版编目（CIP）数据

智能算法优化及其应用 / 杨兴江著. -- 成都 ：西
南交通大学出版社，2023.12
ISBN 978-7-5643-9718-0

Ⅰ. ①智… Ⅱ. ①杨… Ⅲ. ①人工智能 – 算法 – 研究
Ⅳ. ①TP18

中国国家版本馆 CIP 数据核字（2024）第 018253 号

Zhineng Suanfa Youhua ji Qi Yingyong

智能算法优化及其应用

杨兴江　著

责 任 编 辑	穆　丰
封 面 设 计	何东琳设计工作室
出 版 发 行	西南交通大学出版社 （四川省成都市金牛区二环路北一段 111 号 西南交通大学创新大厦 21 楼）
营销部电话	028-87600564　028-87600533
邮 政 编 码	610031
网　　　址	http://www.xnjdcbs.com
印　　　刷	成都中永印务有限责任公司
成 品 尺 寸	170 mm×230 mm
印　　　张	12.75
字　　　数	182 千
版　　　次	2023 年 12 月第 1 版
印　　　次	2023 年 12 月第 1 次
书　　　号	ISBN 978-7-5643-9718-0
定　　　价	68.00 元

　　人工智能（Artificial Intelligence），英文缩写为 AI，是研究、开发用于模拟、延伸和扩展人的智能的理论、方法、技术及应用系统的一门新的技术科学。人工智能是对人的意识、思维的信息过程的模拟，在计算机领域内得到了极其广泛的重视，并在机器人、经济政治决策、控制系统、仿真系统中得到应用。人工智能的理论和实践研究对广大科技工作者和工程人员充满了吸引力，它涉及机器视觉、机器学习和机器进化等研究问题，广泛应用于专家系统、自然语言处理、人机交互、信息检索、模式识别和数据挖掘等领域。在人工智能诞生这六十多年间，其发展过程起起落落，先后经历了 Pre-AI 时代、黄金时代、第一次低谷、第二次繁荣、第二次低谷，并进入第三次浪潮之中，人工智能研究方兴未艾，但在过程中也会遇到各种挫折，计算机视觉领域的专家 Filip Piekniewski 曾发表了一篇名为 *AI Winter Is Well On Its Way* 的文章，人工智能领域人员觉得人工智能遇到了困境，作者的研究也处于停顿和观望中。好在 2018 年以后，由于深度学习算法在计算机视觉领域、自然语言处理、医疗保障领域取得了前所未有的成功，人们相信人工智能寒冬已过去，将有美好的前景。作者重新对人工智能领域研究充满激情，想系统整理和撰写一部分内容来更加深刻地认识人工智能理论及其相关技术的进步与应用。

　　智能计算是借助现代计算机模拟人的智能机制、生命的演化过程和人的智能行为而进行信息获取、处理、利用的理论和方法。智能计算是实现人工智能的重要工具，是从已有数据出发，构建仿生计算模型，借助先验经验得到一批特征向量，进而通过统计优化进行特征抽取求得合适的特征量，张成模式空间或特征空间，并利用机器学习算法进行大数据训练和判别，学习到模型参数，提炼出能揭示数据信息中隐含的性质和规律。智能计算往往与机器学习理论、模式识别理论、统计学习理论、最优化理论等知识柔性结合在一起，学习这些内容需要有一定的数学理论基础、数据分析能力以及计算机编程能力，这使得很多初学者和研究人员感到困惑，甚至迷茫。作者试图通过系统介绍和实例分析，让一些初学智能算法和感兴趣的研究者能够理解智能计算的基本原理、主要模型、算法实现并在科学实践中加以应用。

为方便读者，简单介绍一下本书的结构。全书围绕智能计算和最优化计算展开，以作者的研究内容和学习总结成果为基础，覆盖各类算法模型与应用，取材典型、内容丰富、注重理论与实际相结合，提供丰富的参考文献，方便学习牵引。全书共分9章：第1章概述智能优化计算的基本定义，简单介绍一些典型智能计算模型，建立智能计算基本印象；第2章介绍 BP 神经网络及其在数字图像领域中的应用，通过 BP 神经网络的学习认识智能学习算法的基本构建与思路，为掌握后面的极限学习、深度学习等机器学习算法奠定基础；第3章介绍群体智能算法及其应用，利用蚁群算法解决 TSP 问题，深化认识优化计算对求解 NP 问题具有很高效率；第4章介绍遗传算法原理及其在图像处理中的应用，进一步理解仿生计算方法促进智能计算的思想和应用途径；第5章介绍灰色系统理论及其在图像处理中的应用，这里可以了解经济学优化算法在智能计算中的作用，拓展智能算法研究思路；第6章介绍极限学习理论及其在图像理解中的应用，能够学习到通过神经网络与图论的结合提高智能计算效率的思路；第7章介绍最小二乘法、主成分分析、支持向量机等常见优化算法，学习最优化理论、设计思路和求解过程；第 8 章拓展学习深度学习算法，重点学习卷积神经网络原理与视觉实践；第 9 章拓展学习推荐系统，让我们将人工智能、大数据挖掘和机器学习算法柔性融合，以解决人们兴趣偏好识别的问题，提高生活效益。

本书能够出版，要感谢学校双高院校建设项目的资助，也要感谢同事和家人的支持与鼓励。

由于作者的水平有限，书中难免有不妥之处，恳请广大读者批评指正。

杨兴江

2023 年 7 月

CONTENTS

目 录

第 1 章　智能优化计算概述 ··················· 1

1.1 智能优化计算 ······················· 1

1.2 人工神经网络 ······················· 1

1.3 遗传算法 ·························· 7

1.4 群体智能 ·························· 9

1.5 小　结 ··························· 12

1.6 参考文献 ·························· 12

第 2 章　基于 BP 神经网络优化的数字图像处理 ······· 14

2.1 数字图像介绍 ······················· 14

2.2 数字图像处理与识别 ···················· 16

2.3 人工神经网络的基本原理 ·················· 21

2.4 BP 算法在手写数字字符识别中的应用 ············ 32

2.5 小　结 ··························· 35

2.6 参考文献 ·························· 35

第 3 章　蚁群算法及其应用 ··················· 37

3.1 蚁群算法的基本原理 ···················· 37

3.2 蚂蚁系统 ·························· 38

3.3 蚁群算法在求解 TSP 问题中的应用 ············· 43

3.4 小　结 ··························· 49

3.5 参考文献 ·························· 49

第 4 章　遗传算法优化在数字图像水印技术中的应用 ······ 50

4.1 遗传算法简介 ······················· 50

4.2 遗传算法的特点 ······················ 51

4.3 遗传算法的原理 ······················ 52

4.4 遗传算法的伪码 ······················· 55

4.5 基本遗传算法优化 ····················· 56

4.6 基于遗传算法的 DCT 域图像水印 ·············· 56

4.7 基于 GA 的 DCT 域图像水印算法实例 ·········· 62

4.8 小　结 ·························· 72

4.9 参考文献 ························· 72

第 5 章　灰色系统在医学图像处理中的应用 ············ 73

5.1 灰色系统的产生 ····················· 73

5.2 灰色系统理论的基本概念 ················· 74

5.3 灰色关联分析 ······················ 75

5.4 基于灰色系统理论的各向异性扩散图像去噪方法 ·· 79

5.5 小　结 ·························· 84

5.6 参考文献 ························· 84

第 6 章　基于极限学习优化的视频图像识别研究 ·········· 86

6.1 视频图像理解 ······················ 86

6.2 典型的视频图像识别技术 ················· 90

6.3 极限学习机原理 ····················· 92

6.4 关联图正则极限学习算法 ················· 93

6.5 小　结 ·························· 96

6.6 参考文献 ························· 97

第 7 章　常用优化计算 ······················ 100

7.1 最小二乘法 ······················· 100

7.2 主成分分析 ······················· 104

7.3 支持向量机 ······················· 110

7.4　小　结 ……………………………………………………… 119

7.5　参考文献 ……………………………………………………… 119

第8章　深度学习 ………………………………………………… 121

8.1　初识深度学习 ………………………………………………… 121

8.2　卷积神经网络 ………………………………………………… 122

8.3　卷积神经网络学习算法 ……………………………………… 127

8.4　典型 CNN 结构 ……………………………………………… 132

8.5　深度学习的网络优化与正则化 ……………………………… 140

8.6　深度学习的应用 ……………………………………………… 143

8.7　深度学习的进一步研究方向 ………………………………… 145

8.8　小　结 ………………………………………………………… 146

8.9　参考文献 ……………………………………………………… 146

第9章　推荐算法优化及应用 …………………………………… 153

9.1　基于内容的推荐算法 ………………………………………… 153

9.2　基于图的推荐算法 …………………………………………… 154

9.3　基于关联算法的协同过滤 …………………………………… 155

9.4　基于聚类算法的协同过滤 …………………………………… 175

9.5　推荐算法的研究新方向 ……………………………………… 193

9.6　小　结 ………………………………………………………… 193

9.7　参考文献 ……………………………………………………… 193

第1章

智能优化计算概述

1.1 智能优化计算

优化技术是计算机技术兴起之后发展起来的一门新兴科学。优化问题本质上是在众多可行方案中选择最合理的一个以达到最优目标。优化算法是一种以数学为基础，用于求解各种工程问题优化解的应用技术，在系统控制、人工智能、模式识别和计算机工程等领域得到广泛应用和推广。20世纪80年代以来，一些仿生算法被引入到优化算法中形成了智能计算算法或智能优化计算。智能优化计算，也有人称为"软计算"，是人们受自然（生物界）规律的启迪，根据其原理模仿求解问题的算法。从自然界得到启迪，模仿其结构进行发明创造，这就是仿生学。这是我们向自然界学习的一个方面。另一方面，我们还可以利用仿生原理进行设计（包括设计算法），这就是智能计算的思想。这方面的技术有很多，如人工神经网络技术、遗传算法、模拟退火算法、模拟退火技术和群集智能技术等。

1.2 人工神经网络

人体神经系统的基本构造是神经元（神经细胞）（见图 1-1），它是处理人体内各部分之间信息传递的基本单元。据神经生物学家研究的结果表明，人的一个大脑一般有 $10^{10} \sim 10^{11}$ 个神经元。每个神经元都由一个细胞体，一个连接其他神经元的轴突和一些向外伸出的其他较短分支——树突组成。轴突的功能是将本神经元的输出信号（兴奋）传递给别的神经元。其末端的许多神经末梢使得兴奋可以同时传送给多个神经元。树突的功能是接收来自其他神经元的兴奋。神经元细胞体将接收到的所有信号进行简单处理（如加权求和，即对所有的输入信号都加以考虑且对每个信号的重视程度——体现在权值上——有所不同）后由轴突输出。神经元的树突与另外的神经元的神经末梢相连的部分称为突触。

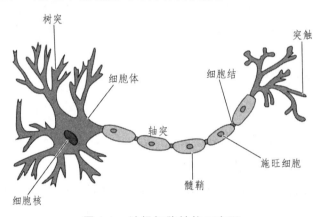

图 1-1　神经细胞结构示意图

"人工神经网络"（Artificial Neural Network，ANN）是在对人脑组织结构和运行机制的认识理解基础之上模拟其结构和智能行为的一种工程系统。早在 20 世纪 40 年代初期，心理学家麦克洛奇（W.McCulloch）和数学家皮茨（Pitts）就提出了人工神经网络的第一个数学模型——MP 模型（见图 1-2），从此开创了神经科学理论的研究时代。其后，FRosenblatt、Widrow 和 J. J. Hopfield 等学者又先后提出了感知模型，使得人工神经网络技术得以蓬勃发展。

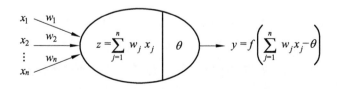

图 1-2　MP 模型

人工神经网络受到了人体神经系统的启发，我们可以通过表 1-1 来理解其转化过程。

表 1-1　人体神经元与 MP 神经元关系

人体神经元	MP 神经元模型
神经元	j
输入信号	x_j
权值	w_j
膜电位	$\displaystyle\sum_{j=1}^{n} w_j x_j$
阈值	θ
输出信号	y

1.2.1　人工神经网络的特点

人工神经网络是由大量的神经元广泛互联而成的系统，它的这一结构特点决定着人工神经网络具有高速信息处理的能力。人脑的每个神经元大约有 $10^3 \sim 10^4$ 个树突及相应的突触，一个人的大脑总计形成 $10^{14} \sim 10^{15}$ 个突触。用神经网络的术语来说，即是人脑具有 $10^{14} \sim 10^{15}$ 个互相连接的存储潜力。虽然每个神经元的运算功能十分简单，且信号传输速率也较低（大约 100 次/s），但由于各神经元之间处于极度并行互联状态，最终使得一个普通人的大脑在 1 s 内就能完成现行计算机至少需要数 10 亿次处理步骤才能完成的任务。

人工神经网络的知识存储容量很大。在神经网络中，知识与信息的存储表现为神经元之间分布式的物理联系，它分散地表示和存储于整个网络内的各神经元及其连线上。每个神经元及其连线只表示一部分信息，而不是一个完整具体概念。只有通过各神经元的分布式综合效果才能表达出特定的概念和知识。

由于人工神经网络中神经元个数众多以及整个网络存储信息容量的巨大，使得它具有很强的不确定性的信息处理能力。即使输入信息不完全、不准确或模糊不清，神经网络仍然能够联想存在于思维记忆中的事物的完整图像。只要输入的模式接近于训练样本，系统就能给出正确的推理结论。

正是因为人工神经网络的结构特点和其信息存储的分布式特点，使得它相对于其他的判断识别系统，如专家系统等，具有另一个显著的优点：健壮性。生物神经网络不会因为个别神经元的损失而失去对原有模式的记忆。最有力的证明是，当一个人的大脑因意外事故受轻微损伤之后，并不会失去原有事物的全部记忆。人工神经网络也有类似的情况。因某些原因，无论是网络的硬件实现还是软件实现中的某个或某些神经元失效，整个网络仍然能继续工作。

人工神经网络是一种非线性的处理单元，只有当神经元对所有的输入信号的综合处理结果超过某一门限值后才输出一个信号。因此神经网络是一种具有高度非线性的超大规模连续时间动力学系统。它突破了传统的以线性处理为基础的数字电子计算机的局限，标志着人类智能信息处理能力和模拟人脑智能行为能力的一大飞跃。

1.2.2　几种典型神经网络简介

1. 多层感知网络（误差逆传播神经网络）

在 1986 年以 Rumelhart 和 McCelland 为首的科学家出版的 *Parallel Distributed Processing* 一书中，提出了误差反向传播学习算法（BP 神经网络算法），并被广泛接受。多层感知网络是一种具有三层或三层以上的阶层型神经网络，即输入层 I、隐含层（也称中间层）J 和输出层 K。相邻层之间的各神经元实现全连接，即下一层的每一个神经元与上一层的每个神经元都实现全连接，而且每层各神经元之间无连接。

BP 网络具有很多优点：非线性映射能力，实现了从输入到输出的映射；自学习和自适应能力，通过自适应学习将内容记忆于网络权值之中；容错能力，网络中部分节点（神经元）受到破坏不会影响全局训练结果。

但 BP 网络并不是十分的完善，它存在以下一些主要缺陷：学习收敛速度太慢；网络的学习记忆具有不稳定性，即当给一个训练好的网络提供新的学习记忆模式时，将使已有的连接权值被打乱，导致已记忆的学习模式的信息的消失。

2. 竞争型（KOHONEN）神经网络

它是基于人的视网膜及大脑皮层对刺激的反应而引出的。神经生物学的研究结果表明：生物视网膜中，有许多特定的细胞，对特定的图形（输入模式）比较敏感，并使得大脑皮层中的特定细胞产生大的兴奋，而其相邻的神经细胞的兴奋程度被抑制。对于某一个输入模式，通过竞争在输出层中只激活一个相应的输出神经元。许多输入模式，在输出层中将激活许多个神经元，从而形成一个反映输入数据的"特征图形"。竞争型神经网络是一种无监督训练的网络，它通过自身训练，自动对输入模式进行分类。竞争型神经网络及其学习规则与其他类型的神经网络和学习规则相比，有其自己的鲜明特点。在网络结构上，它既不像阶层型神经网络那样各层神经元之间只有单向连接，也不像全连接型网络那样在网络结构上没有明显的层次界限。它一般是由输入层（模拟视网膜神经元）和竞争层（模拟大脑皮层神经元，也叫输出层）构成的两层网络。两层之间的各神经元实现双向全连接，而且网络中没有隐含层。竞争型神经网络的基本思想是网络竞争层各神经元竞争对输入模式的响应机会，最后仅有一个神经元成为竞争的胜者，并且只将与获胜神经元有关的各连接权值进行修正，使之朝着更有利于它竞争的方向调整。神经网络工作时，对于某一输入模式，网络中与该模式最相近的学习输入模式相对应的竞争层神经元将有最大的输出值，即以竞争层获胜神经元来表示分类结果。这是通过竞争得以实现的，实际上也就是网络回忆联想的过程。

除了竞争的方法外，还有通过抑制手段获取胜利的方法，即网络竞争层各神经元抑制所有其他神经元对输入模式的响应机会，从而使自己"脱颖而出"，成为获胜神经元。除此之外还有一种称为侧抑制的方法，即每个神经元只抑制与自己邻近的神经元，而对远离自己的神经元不抑制。竞争型神经网络的缺点和不足：网络对输入模式呈现震荡（不稳定现象），当输入模式没有明显的分类模式时，会出现同一类输入模式会激活不同的输出单元，学习收敛率稳定性也存在矛盾。

3. Hopfield 神经网络

1986年美国物理学家 J. J. Hopfield 陆续发表几篇论文，提出了 Hopfield 神经网络。他利用非线性动力学系统理论中的能量函数方法研究反馈人工神经网络的稳定性，并利用此方法建立求解优化计算问题的系统方程式。基本的 Hopfield 神经网络是一个由非线性元件构成的全连接型单层反馈系统。

网络中的每一个神经元都将自己的输出通过连接权传送给所有其他神经元，同时又接收所有其他神经元传递过来的信息，是一个单层全反馈互联网络，即网络中的神经元 t 时刻的输出状态实际上间接地与自己的 $t-1$ 时刻的输出状态有关。所以 Hopfield 神经网络是一个反馈型的网络，其状态变化可以用差分方程来表征。反馈型网络的一个重要特点就是它具有稳定状态。当网络达到稳定状态的时候，也就是它的能量函数达到最小的时候。这里的能量函数不是物理意义上的能量函数，而是在表达形式上与物理意义上的能量概念一致，表征网络状态的变化趋势，并可以依据 Hopfield 工作运行规则不断进行状态变化，最终能够达到的某个极小值的目标函数。网络收敛就是指能量函数达到极小值。如果把一个最优化问题的目标函数转换为网络的能量函数，把问题的变量对应于网络的状态，那么 Hopfield 神经网络就能够用于解决优化组合问题。

对于同样结构的网络，当网络参数（指连接权值和阈值）有所变化时，网络能量函数的极小点（称为网络的稳定平衡点）的个数和极小值的大小也将变化。因此，可以把所需记忆的模式设计成某个确定网络状态的一个稳定平衡点。若网络有 M 个平衡点，则可以记忆 M 个记忆模式。

当网络从与记忆模式较靠近的某个初始状态（相当于发生了某些变形或含有某些噪声的记忆模式，也即只提供了某个模式的部分信息）出发后，网络按 Hopfield 工作运行规则进行状态更新，最后网络的状态将稳定在能量函数的极小点。这样就完成了由部分信息的联想过程。

Hopfield 神经网络的能量函数是朝着梯度减小的方向变化，但它仍然存在一个问题，那就是一旦能量函数陷入到局部极小值，它将不能自动跳出局部极小点，到达全局最小点，因而无法求得网络最优解。

1.3 遗传算法

遗传算法（Genetic Algorithms）是基于生物进化理论的原理发展起来的一种广泛应用的、高效的随机搜索与优化的方法。其主要特点是群体搜索策略和群体中个体之间的信息交换，搜索不依赖于梯度信息。它是在 20 世纪 70 年代初期由美国密西根（Michigan）大学的霍兰（Holland）教授发展起来的。1975 年，霍兰教授发表了第一本比较系统论述遗传算法的专著《自然系统与人工系统中的适应性》（*Adaptation in Natural and Artificial Systems*）。遗传算法最初被研究的出发点不是为专门解决最优化问题而设计的，它与进化策略、进化规划共同构成了进化算法的主要框架，都是为当时人工智能的发展服务的。迄今为止，遗传算法是进化算法中最广为人知的算法。

遗传算法使用群体搜索技术，通过对当代群体实施选择（Selection）、交叉（Crossover）、变异（Mutation）等遗传操作，从而产生出新一代的群体，并逐步使群体进化到包含或接近最优解的状态。近年来，遗传算法主要在复杂优化问题求解和工业工程领域应用方面，取得了一些令人信服的结果，所以引起了很多人的关注。在发展过程中，进化策略、进化规划和遗传算法之间差异越来越小。遗传算法成功的应用包括：作业调度与排序、可靠性设计、车辆路径选择与调度、成组技术、设备布置与分配、交通问题等。

1.3.1 特 点

遗传算法是解决搜索问题的一种通用算法，对于各种通用问题都可以使用。搜索算法的共同特征为：① 首先组成一组候选解；② 依据某些适应性条件测算这些候选解的适应度；③ 根据适应度保留某些候选解，放弃其他候选解；④ 对保留的候选解进行某些操作，生成新的候选解。在遗传算法中，上述几个特征以一种特殊的方式组合在一起：基于染色体群的并行搜索，带有猜测性质的选择操作、交换操作和变异操作。遗传算法还具有以下几方面的特点：

（1）遗传算法从问题解的串集开始搜索，而不是从单个解开始。这是遗传算法与传统优化算法的极大区别。传统优化算法是从单个初始值迭代求最优解的，容易误入局部最优解。遗传算法从串集开始搜索，覆盖面大，利于全局择优。

（2）许多传统搜索算法都是单点搜索算法，容易陷入局部的最优解。遗传算法同时处理群体中的多个个体，即对搜索空间中的多个解进行评估，减少了陷入局部最优解的风险，同时算法本身易于实现并行化。

（3）遗传算法基本上不用搜索空间的知识或其他辅助信息，而仅用适应度函数值来评估个体，在此基础上进行遗传操作。适应度函数不仅不受连续可微的约束，而且其定义域可以任意设定。这一特点使得遗传算法的应用范围大大扩展。

（4）遗传算法不是采用确定性规则，而是采用概率的变迁规则来指导他的搜索方向。

（5）具有自组织、自适应和自学习性。遗传算法利用进化过程获得的信息自行组织搜索时，适应度大的个体具有较高的生存概率，并获得更适应环境的基因结构。

1.3.2　应用领域

前面描述了简单的遗传算法模型，可以在这些基本型上加以改进，使其在科学和工程领域得到广泛应用。下面列举了一些遗传算法的应用领域：

（1）优化：遗传算法可用于各种优化问题，既包括函数和数量优化问题，也包括组合优化问题。

（2）程序设计：遗传算法可用于某些特殊任务的计算机程序设计。

（3）机器学习：遗传算法可用于许多机器学习的应用，包括分类问题和预测问题等。

（4）经济学：应用遗传算法对经济创新的过程建立模型，可以研究投标的策略，还可以建立市场竞争的模型。

（5）免疫系统：应用遗传算法可以对自然界中免疫系统的多个方面建立模型，研究个体的生命过程中的突变现象以及发掘进化过程中的基因资源。

（6）进化现象和学习现象：遗传算法可被用来研究个体是如何学习生存技巧的，一个物种的进化对其他物种会产生何种影响等。

（7）社会经济问题：遗传算法可用于研究社会系统中的各种演化现象，例如在一个多主体系统中，协作与交流是如何演化出来的。

1.4　群体智能

受社会性昆虫行为的启发，计算机工作者通过对社会性昆虫的模拟产生了一系列对于传统问题的新的解决方法，这些研究就是群体智能的研究。群体智能（Swarm Intelligence）中的群体（Swarm）指的是"一组相互之间可以进行直接通信或者间接通信（通过改变局部环境）的主体，这组主体能够合作进行分布问题求解"。而所谓群体智能指的是"无智能的主体通过合作表现出智能行为的特性"。群体智能在没有集中控制并且不提供全局模型的前提下，为寻找复杂的分布式问题的解决方案提供了基础。

群体智能的特点和优点：群体中相互合作的个体是分布式的（Distributed），这样更能够适应当前网络环境下的工作状态；没有中心的控制与数据，这样的系统更具有鲁棒性（Robust），不会由于某一个或者某几个个体的故障而影响整个问题的求解。可以不通过个体之间直接通信而是通过非直接通信（Stimergy）进行合作，这样的系统具有更好的可扩充性（Scalability）。由于系统中个体的增加而增加的系统的通信开销在这里十分小。系统中每个个体的能力十分简单，这样每个个体的执行时间比较短，并且实现也比较简单，具有简单性（Simplicity）。因为具有这些优点，虽说群体智能的研究还处于初级阶段，并且存在许多困难，但是可以预言群体智能的研究代表了以后计算机研究发展的一个重要方向。

在计算智能（Computational Intelligence）领域有两种基于群体智能的算法，蚁群算法（Ant Colony Optimization）和粒子群算法（Particle Swarm Optimization），前者是对蚂蚁群落食物采集过程的模拟，后者是通过模拟鸟群觅食行为而发展起来的一种基于群体协作的随机搜索算法，它们已经成功运用在很多离散优化问题上。

1.4.1 蚁群优化算法

受蚂蚁觅食时的通信机制的启发，20世纪90年代Dorigo提出了蚁群优化算法（Ant Colony Optimization，ACO）来解决计算机算法学中经典的"货郎担问题"：如果有 n 个城市，需要对所有 n 个城市进行访问且只访问一次的最短距离。

在解决货郎担问题时，蚁群优化算法设计虚拟的"蚂蚁"将摸索不同路线，并留下会随时间逐渐消失的虚拟"信息素"。虚拟的"信息素"也会挥发或增强，每只蚂蚁每次随机选择要走的路径，它们倾向于选择路径比较短的、信息素比较浓的路径。根据"信息素较浓的路线更近"的原则，即可选择出最佳路线。由于这个算法利用了正反馈机制，使得较短的路径能够有较大的机会得到选择，并且由于采用了概率算法，所以它能够不局限于局部最优解。

蚁群优化算法对于解决货郎担问题并不是目前最好的方法，但首先它提出了一种解决货郎担问题的新思路；其次由于这种算法特有的解决方法，它已经被成功用于解决其他组合优化问题，例如图的着色（Graph Coloring）以及最短超串（Shortest Common Supersequence）等问题。

1.4.2 粒子群优化算法

粒子群优化算法（PSO）是一种进化计算技术（Evolutionary Computation），由Eberhart博士和Kennedy博士发明，源于对鸟群捕食的行为研究。

PSO 同遗传算法类似，是一种基于迭代的优化工具。系统初始化为一组随机解，通过迭代搜寻最优值，但是并没有遗传算法用的交叉（Crossover）以及变异（Mutation），而是粒子在解空间追随最优的粒子进行搜索。

同遗传算法比较，PSO 的优势在于简单容易实现并且没有许多参数需要调整，目前已广泛应用于函数优化，神经网络训练，模糊系统控制以及其他遗传算法的应用领域。粒子群优化算法（PSO）也是起源于对简单社会系统的模拟，最初设想是模拟鸟群觅食的过程，但后来发现 PSO 是一种很好的优化工具。

PSO 模拟鸟群的捕食行为：一群鸟在随机搜索食物，在这个区域里只有一块食物。所有的鸟都不知道食物在哪里，但是它们知道当前的位置离食物还有多远。那么找到食物的最优策略是什么呢？最简单有效的就是搜寻目前离食物最近的鸟的周围区域。

PSO 从这种模型中得到启示并用于解决优化问题。PSO 中，每个优化问题的解都是搜索空间中的一只"鸟"，我们称之为"粒子"。所有的粒子都有一个由被优化的函数决定的适应值（Fitness Value），每个粒子还有一个速度决定它们飞翔的方向和距离。然后粒子们就追随当前的最优粒子在解空间中搜索。

PSO 初始化为一群随机粒子（随机解），然后通过迭代找到最优解，在每一次迭代中，粒子通过跟踪两个"极值"来更新自己。第一个就是粒子本身所找到的最优解，这个解叫作个体极值 pBest；另一个极值是整个种群目前找到的最优解，这个极值是全局极值 gBest。另外也可以不用整个种群而只是用其中一部分最优粒子的邻居，那么在所有邻居中的极值就是局部极值。

与遗传算法比较，PSO 的信息共享机制是很不同的。在遗传算法中，染色体（Chromosomes）互相共享信息，所以整个种群的移动是比较均匀地向最优区域移动。在 PSO 中，只有 gBest（或者 lBest）给出信息给其他的粒子，这是单向的信息流动。整个搜索更新过程是跟随当前最优解的过程。与遗传算法比较，在大多数的情况下，所有的粒子可能更快地收敛于最优解。

现在已经有一些利用 PSO 代替反向传播算法来训练神经网络的论文。研究表明，PSO 是一种很有潜力的神经网络算法，同时 PSO 收敛速度比较快而且可以得到比较好的结果。

1.5　小　结

本章介绍了智能优化计算的基本概念，具体对神经网络、遗传算法、群体智能给予了概述。我们对智能优化计算及其应用有了一个初步知识框架。目前的智能计算研究水平暂时还很难使"智能机器"真正具备人类的能力，但其会继续蓬勃发展。要持有信息机理一致的观点，即"人工脑"将不只是对"生物脑"的功能模仿，而是两者具有相同的特性。这两者的结合将开辟一个全新的领域，开辟很多新的研究方向。智能计算将探索智能的新概念、新理论、新方法和新技术，而这一切将在以后的发展中取得重大成就。

1.6　参考文献

[1] 王万森. 人工智能原理及其应用[M]. 北京：电子工业出版社，2000.

[2]（美）Nilsson N J. 人工智能[M]. 郑扣根，庄越挺 译. 北京：机械工业出版社，2003.

[3] 周明，孙树栋. 遗传算法原理及应用[M]. 北京：国防工业出版社，2005.

[4] KENNEDY J, EBERHART R C, SHI Y H. Swarm Intelligence[M]. 北京：人民邮电出版社，2009.

[5] 褚蕾蕾，陈绥阳，周梦编. 计算智能的数学基础[M]. 北京：科学出版社，2002.

[6] 史忠植. 高级人工智能[M]. 北京：科学出版社，1998.

[7] 石纯一，黄昌宁，王家廞. 人工智能原理[M]. 北京：清华大学出版社，1993.

[8] 蔡自兴，徐光祐. 人工智能及其应用[M]. 北京：清华大学出版社，1996.

[9] 董军，潘云鹤. 移动 Agent 系统的智能与行为[J]. 计算机科学，1999，26（8）：53-57.

[10] 陈国良，王煦法，等. 遗传算法及其应用[M]. 北京：人民邮电出版社，1996.

[11] 曹先彬，高隽，王煦法. 基于生态竞争模型的遗传强化学习[J]. 软件学报，1999，10（6）：658-662.

[12] Futuyma. Evolutionary Biology. Sinauer Associates, Inc. 1986.

[13] 徐金梧，刘纪文. 基于小生境技术的遗传算法[J]. 模式识别与人工智能，1999，12（1）：104-107.

[14] Bart Kosko, Fuzzy Engineering. Prentice Hall, 1997.

[15] Forest S, et al. Self-nonself Discrimination in a Computer. Proceedings of the 1996 IEEE Symp. On Comp. Security and Privacy, 1994: 202-212, 16-18.

[16] ARNOLD W C, CHESS D M, et al. Automatic Immune system for Computers and Computer Networks. US Patent 5, 440, 723, 1995.

[17] Robert Axelrod. The Evolution Cooperation. Arts & Licensing International, Inc. 1984.

第2章

基于 BP 神经网络优化的数字图像处理

2.1 数字图像介绍

2.1.1 什么是数字图像

客观世界中，以自然形式呈现出的图像通常称作物理图像，也叫作连续图像，图像信号值是连续变化的。

数字图像是指物理图像的连续信号值被离散化后，由被称作像素的小块区域组成的二维矩阵。一般而言，数字图像就是能够在计算机上显示和处理的图像，根据其特性可分为两大类——位图和矢量图。位图使用数字阵列表示，常用格式有 JPG、GIF、BMP 等；矢量图由矢量数据库表示，常用格式为 PNG 图形。

我们把一幅图像视为一个二维函数 $f(x,y)$，其中 x 和 y 是空间坐标，而在 x-y 平面中的任意一对空间坐标 (x,y) 上的幅值 f 称为该点图像的灰度、亮度或强度。此时，如果 f、x、y 均为非负有限离散值，则称该图像为数字图像。

一个大小为 $M \times N$ 的数字图像是由 M 行 N 列的有限元素组成的，每个元素都有具体的位置和幅值，代表了其所在行列位置上的图像物理信息，如灰度和色彩等。这些元素称为图像元素或像素。

2.1.2 数字图像的分类

根据图像中每个像素所代表信息的不同，可将图像分为二值图像、灰度图像、RGB 图像以及索引图像。

1. 二值图像

每个像素只有黑、白两种颜色的图像称为二值图像。在二值图像中，像素只有 0 和 1 两种灰度取值，一般用 0 表示黑色，用 1 表示白色。例如字母"C"的二值图像示例如图 2-1 所示。

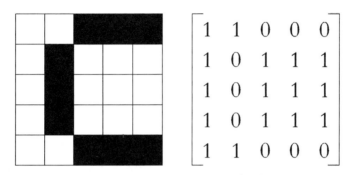

图 2-1　字母"C"的二值图像示例

2. 灰度图像

灰度数字图像是每个像素只有一个采样颜色的图像。这类图像通常显示为从最暗黑色到最亮的白色的灰度，尽管理论上这个采样可以是任何颜色的不同深浅，甚至可以是不同亮度上的不同颜色。灰度图像与二值图像不同，在计算机图像领域中二值图像只有黑、白两种颜色，灰度图像在黑色与白色之间还有许多级的颜色深度，即灰度。每种灰度称为一个灰度级，通常用 L 表示。在灰度图像中，像素可以取 $0 \sim L-1$ 的整数值，根据保存灰度数值所使用的数据类型的不同，可能有 256 种取值或 2^k 种取值，当 $k=1$ 时即退化为二值图像。

3. RGB 图像

在自然界中，几乎所有颜色都可以由红（R）、绿（G）、蓝（B）3 种颜色组合而成，通常称它们为 RGB 三原色。计算机显示彩色图像时采用最多的就是 RGB 模型。对于每一个像素，可以通过控制 R、G、B 三原色的合成比例则可决定该像素的最终显示颜色。在 RGB 图像中每个像素可以由 24 位二进制数表示，故也称为 24 位真彩色图像。未经压缩的原始 BMP 文件就是使用 RGB 标准给出的 3 个数值来存储图像数据的，称为 RGB 图像。

4. 索引图像

设置一种颜色表，也叫调色板。在图像矩阵中存储的是像素所对应颜色在调色板中的索引（偏移量），这样的图像称为索引图像。Windows 位图中就应用了调色板技术，还有 PCX、TIF、GIF 等文件格式也应用了这种技术。

2.1.3 数字图像的本质

（1）从线性代数和矩阵论的角度，数字图像就是一个由图像信息组成的二维矩阵，矩阵的每个元素代表对应位置上的图像亮度或色彩信息。这个二维矩阵在存储上未必是二维的，因为每个像素可能不只有一个数值。

（2）由于随机变化和噪声的原因，图像在本质上是统计性的，因此应将图像函数作为随机过程来研究。这时图像信息量和冗余的问题可以用概率分布和函数来描述和考虑。

（3）从线性系统的角度来考虑，图像及其处理也可以表示为用狄拉克冲激公式表示的点展开函数的叠加，可以采用成熟的线性系统理论研究。采用线性系统近似的方式表示图像可以简化算法。

2.2 数字图像处理与识别

图像处理、图像分析和图像识别（理解）是认知科学与计算机科学融合的重要分支。从数字图像处理到数字图像分析，再发展到图像识别技术，其核心是对数字图像中所包含信息的提取及其相关处理的各种辅助过程。

2.2.1　数字图像处理

数字图像处理（Digital Image Processing）是使用计算机对量化的数字图像进行处理、加工来改善图像的外观，是对图像的修改和增强，即通过计算机对图像进行去除噪声、增强、复原、分割、提取特征等处理的方法和技术。

2.2.2　数字图像分析

数字图像分析（Digital Image Analyzing）是指对图像中感兴趣的目标进行检测和测量以获得客观信息。主要技术是图像分割和特征提取。

1. 图像分割

图像分割是指根据选定的特征将图像划分成几个有意义的部分，从而使原图像在内容表达上更为简单明了。图像分割是按照图像的某些特性（如灰度等级）将图像分成若干区域，在每个区域内部有相同或者相近的特征，而相邻区域的特征不相同。一般假设在同一区域内特征的变化平缓，而在区域的边界上特性的变化剧烈。目前，已经提出了很多种图像分割的方法，它们各自基于不同的图像模型，利用不同的特性，各自有一定的适用范围和优缺点，并没有一种普遍适用的最优方法。图像分割的方法大致可以分为基于边缘检测的方法和基于区域生成的方法两大类：

1）边缘检测

图像边缘对图像识别和计算机分析十分有用。边缘能勾画出目标物体，使观察者一目了然；蕴含了丰富的内在信息，如方向、阶跃性质、形状等，是图像识别中重要的图像特征之一。从本质上说，图像边缘是图像局部特性不连续性（灰度突变、颜色突变、纹理结构突变等）的反映，它标志着一个区域的终结和另一个区域的开始。

边缘提取首先检测出图像局部特性的不连续性，然后再将这些不连续的边缘像素连成完备的边界。边缘的特性是沿边缘走向的像素变化平缓，而垂直于边缘方向的像素变化剧烈。所以，从这个意义上说，提取边缘的算法就是检测出符合边缘特性的边缘像素的数学算子。目前，提取边缘常采用边缘算子法、曲面拟合法、模板匹配法等。

2）区域生长法

对于图像分割而言,可以通过阈值法将图像由小到大地进行区域生长。区域生长法可以分为简单连接、混合连接、中心化连接等。所谓简单连接区域生长法是把每个像素看成是连续图中的一个节点，然后把单个像素和空间相邻像素的特性（如灰度）进行比较，把特性相似的像素所对应的节点之间用弧连接，从而进行区域的生长。该方法简单，但效果不是很好。混合连接区域生长法的总过程与上述过程类似，但是对每个节点，它用该节点对应像素周围 $k \times k$ 邻点的灰度值来表示其特性，这就增加了抗干扰性。由于是两个区域比较特性，需要用到统计学中的假设检验方法。

2. 图像特征提取

要使计算机具有识别的本领，首先要得到图像的各种特征，称之为图像特征提取。图像特征是指图像的原始特征或属性，其中有些是视觉直接感受到的自然特征，如区域的亮度、边缘的轮廓、纹理或色彩等，有些是需要通过变换或测量才能得到的人为特征，如变换频谱、直方图等。

图像特征提取工作的结果是给出了某一具体的图像中与其他图像区别的特征，如描述物体表面灰度变化的纹理特征，描述物体外形的形状特征等。这些特征提取的结果以一定的表达方式能让计算机识别。

1）数字图像分析纹理特征提取

纹理在图像处理中起着重要的作用，它广泛应用于气象云图分析、卫星遥感图像分析、生物组织和细胞的显微镜照片分析等领域。此外，在一般的以自然风景为对象的图像分析中，纹理也具有重要的作用。通过观察不同物体的图像，可以抽取出构成纹理特征的两个要素：一个为纹理基元，它是一种或多种图像基元的组合，有一定的形状和大小，如花布的花纹；另一个为纹理基元的排列组合，指基元排列的疏密、周期性、方向性等的不同，生长条件及环境的不同，植物散布形式的不同。反映在图像上就是纹理的粗细（植物生长的稀疏）、走向（如靠阳、水的地段应有生长茂盛的植被）等特征的描述和解释。

纹理特征提取指的是通过一定的图像处理技术抽取出纹理特征，从而获得纹理的定量或定性描述的处理过程。因此，纹理特征提取应包括两方面的内容，即检测出纹理基元和获得有关纹理基元排列分布方式的信息。

纹理分析方法，大致分为统计方法和结构方法。统计方法适用于分析如木纹、森林、山脉、草地那样的纹理细致而且不规则的物体；结构方法则适用于如布料的印刷图案或砖花样等一类纹理基元排列较规则的图像。常用的统计方法有直方图统计特征、灰度分布统计特征和傅里叶特征等。

2）数字图像分析形状特征提取

人们的视觉系统对于景物认识的初级阶段是其形状。图像经过边缘提取和图像分割等操作，就会得到景物的边缘和区域，也就获得了景物的形状。任何一个景物形状特征均可由其几何属性（如长度、面积、距离和凹凸等）、统计属性（如投影）和拓扑属性（如连通、欧拉数）来进行描述。

对目标进行形状分析既可以基于区域本身亦可基于区域的边界。对于区域内部或边界来说，由于我们只关心它们的形状特征，其灰度信息往往可以忽略，只要能将它与其他目标或背景分开即可。最常用的一种技术是二值化图像，即将感兴趣的部分（区域和边界）标以最大灰度级，把背景（也包括其他任何不感兴趣的部分）标以最小灰度级，通常为零。二值化图像在形状和结构分析中占有很重要的地位。

2.2.3 数字图像识别

图像理解（Image Understanding，IU），就是指对图像的语义理解，它是以图像为对象，知识为核心，研究图像中有什么目标、目标之间的相互关系、图像是什么场景以及如何应用场景的一门学科。

1. 图像理解的层次结构

从计算机信息处理的角度来看，认为一个完整的图像理解系统可以分为以下的四个层次：数据层、描述层、认知层和应用层。此分层方法类似于 Selfridge(谢夫里奇)于 1959 年提出的小妖模型(Pandemonium Model)。二者的不同在于 Selfridge 的小妖模型是从认知的角度提出的一个模式识别的计算机模型，而本文是从信息处理的角度提出的一个图像理解系统分层框架；另外二者每层的任务也是不一样的。各层的功能如下：

数据层：获取图像数据，这里的图像可以是二值图、灰度图、彩色图或深度图等，本文主要针对摄像头采集到的彩色图/灰度图，主要涉及图像的压缩和传输。数字图像的基本操作（如平滑、滤波等一些去噪操作）亦可归入该层。该层的主要操作对象是像素。

描述层：提取特征，度量特征之间的相似性（即距离）；采用的技术有子空间方法（Subspace），如 ISA，ICA，PCA。该层的主要任务就是将像素表示符号化（形式化）。

认知层：图像理解，即学习和推理（Learning and Inference）。该层是图像理解系统的"发动机"，非常复杂，涉及面很广，正确的认知（理解）必须有强大的知识库作为支撑。该层操作的主要对象是符号。具体的任务还包括数据库的建立。

应用层：根据任务需求（分类、识别、检测）（注意：如果是视频理解，还包括跟踪），设计相应的分类器、学习算法等。

2. 图像理解的分析过程

图像理解是一门交叉学科，作为图像理解的低层数据是视觉信息，理论出发点是计算机视觉，作为图像理解的高层数据是知识信息，理论依据出发点是人工智能。从研究的广泛性看，图像理解的处理信息分为视觉数据信息和人类知识信息两部分，前者侧重原始获取的数据信息以何种结构存储在计算机中，后者侧重知识的表述如何指导计算机的理解过程，两部分表示相辅相成。图像理解中对视觉信息和知识信息的研究过程就是进行信息表示、处理和分析的过程，具体表现为"表示与存储—认知与学习—推理与理解"的图像理解分析过程。

图像理解中包含了广泛的信息流，从视觉硬件采集设备获取到的二维阵列仅是信号描述，进行取样采集形成面向计算机的数据信息，形成像素点集，完成了场景图像的获取再通过图像处理技术在原始像素的基础上提取出视觉特征并存储入计算机，实现了"视觉信息的表示与存储"，接着根据已有的先验知识或导师指导，基于学习算法和相应理论进行机器学习，进行图像理解中的目标识别、场景分类等任务，形成知识并存入计算机，完成"认知与学习"，最后对已形成的知识进行"推理与分析"，完成最终的图像理解任务，体现计算机的视觉智能性。

2.3　人工神经网络的基本原理

在学习反向传播（Back Propogation，BP）算法之前，先了解一下梯度下降算法。

2.3.1　训练线性单元的梯度下降算法

1. 感知器（perceptron）

感知器是一种早期的神经网络模型，由美国学者 F.Rosenblatt 于 1957 年提出。感知器中第一次引入了学习的概念，使人脑所具备的学习功能在基于符号处理的数学领域得到了一定程度模拟，所以引起了广泛的关注。

简单的感知器是一种具有两种输出的人工神经元，一个具有 m 个实数输入 $x_1, x_2, \cdots, x_m$ 的感知器如图 2-2 所示。

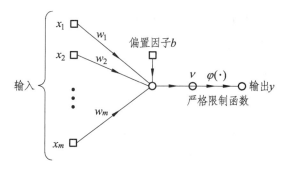

图 2-2　m 个实数输入的感知器

一个感知器由 3 个部分组成：

（1）突触权值（即图 2-2 中的 $w_1, w_2, \cdots, w_m$）。

（2）求和单元，用突触权值对输入进行加权并加上偏置，得到诱导局部域（v）。

（3）激活函数（即图 2-2 中的 Hard Limiter）用于限制诱导局部域输出的振幅。在感知器中，使用符号函数来限制输出（当 $v > 0$ 时输出为 1，反之为-1）。

以上神经元称为 McCulloch-Pitts 模型，可以用两条数学公式概括：

$$v = \sum_{i=1}^{m} w_i x_i + b$$

$$y = \phi(v) = \begin{cases} 1, & \text{if } v > 0 \text{ ;} \\ -1, & \text{otherwise} \end{cases}$$

关于偏置的作用，直观上可以这样理解，当 $\sum_{i=1}^{m} w_i x_i > -b$ 时输出为 1，当 $\sum_{i=1}^{m} w_i x_i < -b$ 时输出为-1，这里 $-b$ 实际上是一个阈值，而求和单元求和的结果可以认为是一个根据输入特征进行打分的函数，突触权值代表特征的重要性，或者可以理解为每个特征的分数，当分数超过阈值时，我们给它分到+1 代表的类，不超过则分到-1。有点类似老师改卷的过程：权值是每道题的分数，输入是学生每道题的对错情况，输出是这个学生最后的总分，当这个总分超过一个阈值（比如 60 分）时，给他 pass（通过），否则不给他 pass。

我们可以把偏置 b 看作一个特殊的突触单元，$x_0 = +1$，$w_0 = b$，分别加入到输入向量和权值向量中。这样，感知器的输出可以表示为一个更为简洁的形式 $f(x) = \sum_{i=0}^{m} w_i x_i$，又可以简化为一个向量形式，即 $f(x) = \boldsymbol{w}^\mathrm{T} \boldsymbol{x}$，其中 $\boldsymbol{w} = (w_0, w_1, \cdots, w_m)^\mathrm{T}$，$\boldsymbol{x} = (x_0, x_1, \cdots, x_m)^\mathrm{T}$，它们都是 $m+1$ 维的向量。不过为了方便后面的推导，还是把它拆开来写：$f(x) = \boldsymbol{w}^\mathrm{T} \boldsymbol{x} + b$。

感知器模型实际上定义了一组超平面 $\boldsymbol{w}^\mathrm{T} \boldsymbol{x} + b = 0$，称为分离超平面。感知器模型实际上是关于 $\boldsymbol{w}, b$ 的函数，这个超平面将空间分为两半，一半是

由满足 $\boldsymbol{w}^{\mathrm{T}}\boldsymbol{x}+b>0$ 的点（标记为+1）组成，另一半由 $\boldsymbol{w}^{\mathrm{T}}\boldsymbol{x}+b\leqslant 0$ 定义（标记为-1）。给定一个点 x_i，我们可以用以下的决策函数预测它的标号：

$$f(x) = \mathrm{sign}(\boldsymbol{w}^{\mathrm{T}}\boldsymbol{x}+b)$$

其中，sign 是符号函数，当括号里的项大于 0 时，输出为+1；小（等）于 0 时，输出为-1。给定一个训练数据集 $D = \{(x_1,y_1),\cdots,(x_m,y_m)\}$ 的情形下，我们的目标是尽可能地满足 $f(x_i)=y_i$，但一开始由于我们事先不知道超平面长什么样，难免会分错，而 PLA（Perception Linear Algorithm，线性感知机算法）告诉我们的是，我们可以利用这些错分的点来修正向量 $\boldsymbol{w},b$，使之往正确的位置靠近。为此，我们首先需要定义一个函数，来衡量一次预测错误的程度，这个函数称为损失函数。一个合理的选择是误分类点的总数，但是这个函数不是 $\boldsymbol{w},b$ 的可导函数，因此我们用了另一个函数作为替代，即误分类点到超平面的总距离，这个准则的好处是关于 $\boldsymbol{w},b$ 可导，因此可以使用梯度下降算法来优化。下面解释一下为什么用误分类点到超平面的距离来作为损失函数。

图 2-3 所示是一个二维的超平面，图中，点 x 到超平面的距离为

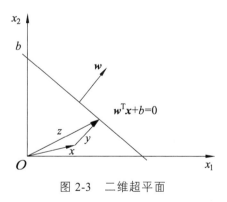

图 2-3　二维超平面

$$\frac{1}{\lVert \boldsymbol{w} \rVert}\left| \boldsymbol{w}^{\mathrm{T}}\boldsymbol{x}+b \right|$$

推导过程如下：

由图中的关系有：$x+y=z$，由于 y 与法向量 $\boldsymbol{w}$ 共线，可设 $y=\lambda\boldsymbol{w}$，

则 $z = x + \lambda w$ 。

因为 z 在超平面上，故 $w^{\mathrm{T}} z + b = 0$ ，得到 $w^{\mathrm{T}} x + \lambda w^{\mathrm{T}} w + b = 0$ ，于是有

$$\lambda = \frac{-(w^{\mathrm{T}} x + b)}{w^{\mathrm{T}} w}$$

距离为 $d = |y| = |\lambda w| = |\lambda| \|w\| = \frac{1}{\|w\|} |w^{\mathrm{T}} x + b|$

2. 线性单元

只有 1 和 -1 两种输出限制了感知器的处理与分类能力，一种简单的推广是线性单元，即不带阈值的感知器。

将式 $v = \sum_{i=1}^{m} w_i x_i + b$ 改为 $v = \sum_{i=1}^{m} w_i x_i + w_0$ ，则可令 $x_0 = 1$ ，可重新表示上式为：

$$v(x) = \sum_{i=0}^{m} w_i x_i = wx$$

式中，输入向量 $x = (1, x_1, x_2, \cdots, x_m)$ ，权向量 $w = (w_0, w_1, w_2, \cdots, w_m)$ 。

训练线性单元的核心任务就是调整权值 $w_1, w_2, \cdots, w_m$ ，使得线性单元对于训练样本的实际输出与训练样本的目标输出尽可能地接近。

3. 误差准则

为了推导线性单元的权值学习法则，首先必须定义一个度量标准来衡量在当前权向量条件下 ANN 对于训练样例的训练误差。一个常见的度量标准为平方误差准则：

$$E(w) = \frac{1}{2} \sum_{d \in D} (t_d - v_d)^2$$

式中，D 是训练样本集合，t_d 是训练样本的目标输出，v_d 是线性单元 ANN 对于训练样本 d 的实际输出，即 $v_d = v(x_d)$ 。

为了确定一个使 E 最小化的权向量，我们从任意的初始权向量开始

w^0，然后以很小的步伐反复修改这个权向量，而每一步的修改都能够使误差 E 减少，继续这个过程直到找到全局的最小值点 w^*。

4. 梯度下降法

我们使用数学分析中的梯度概念来寻找最快的下降方向。函数在某一点的梯度是这样一个向量，它的方向与取得最大方向导数的方向一致，而它的模为方向导数的最大值。因此我们可以通过计算 E 相对于向量的每个分量的偏导数来得到方向导数最大的方向——梯度，记作 $\nabla E(w)$。

$$\nabla E(w) = \left[\frac{\partial E}{\partial w_0}, \frac{\partial E}{\partial w_1}, \cdots, \frac{\partial E}{\partial w_m} \right]$$

梯度本身 $\nabla E(w)$ 是一个表示方向导数最大方向的向量，因此它对应 E 的最快的上升方向。我们要寻找的是负梯度方向，所以梯度下降的训练法则为

$$w \leftarrow w + \Delta w$$

其中：

$$\Delta w = -\eta \nabla E(w)$$

这里的 $\eta(\eta > 0)$ 是一个称为学习率的常数，它决定了梯度下降搜索中的步长。w 代表解空间中的当前搜索点，Δw 代表向当前最快下降方向的一小段位移，$w \leftarrow w + \Delta w$ 则表示在解空间中从当前搜索点移动到新的搜索点。

同理，训练法则也可以写成分量形式：

$$w_i \leftarrow w_i + \Delta w_i$$

其中：

$$\Delta w_i = -\eta \nabla E(w_i)$$

计算问题可以简化为修改每个分量来实现。通过计算 $\frac{\partial E}{\partial w_i}$ 改变每个 w_i：

$$\frac{\partial E}{\partial w_i} = \frac{\partial}{\partial w_i} \left[\frac{1}{2} \sum_{d \in D} (t_d - v_d)^2 \right]$$

$$= \frac{1}{2} \sum_{d \in D} \frac{\partial}{\partial w_i} (t_d - v_d)^2$$

$$= \frac{1}{2} \sum_{d \in D} 2(t_d - v_d) \frac{\partial}{\partial w_i} (t_d - v_d)$$

$$= \sum_{d \in D} (t_d - v_d) \frac{\partial}{\partial w_i} (t_d - \boldsymbol{w} \cdot \boldsymbol{x}_d)$$

$$= \sum_{d \in D} (t_d - v_d)(-x_{id})$$

式中，x_{id} 表示训练样本 d 的一个输入分量 x_i。

则得到梯度下降的权值更新法则：

$$\Delta w_i = \eta \sum_{d \in D} (t_d - v_d) x_{id}$$

所以，训练线性单元的梯度下降算法如下：随机选取一个初始权向量；计算所有训练样本经过线性单元的输出，根据式 $\Delta w_i = \eta \sum_{d \in D} (t_d - v_d) x_{id}$ 计算每个权值的 Δw_i，通过 $w_i \leftarrow w_i + \Delta w_i$ 来更新每个权值，然后重复这个过程。

算法的伪代码如下：

算法 2.1　训练线性单元的梯度下降算法。

Graddesc

输入：trainset, η

　　//trainset 是训练数据集，每个训练样本以序对 $\langle \boldsymbol{x}, t \rangle$ 的形式给出，其中 $\boldsymbol{x}$ 是样本特征向量，是系统的输入；t 是目标输出值，通常是类别标签的某种编码；η 是学习率。

输出：w

过程：输入 trainset, η，输入初始权值 w_0

　　While

{

初始化每个 Δw_i 为 0；

对于训练集合 trainset 中的每个 $\langle \boldsymbol{x}, t \rangle$，做：

把样本特征向量作为线性单元的输入，计算输出 v；

对于线性单元的每个权 w_i，做 $\Delta w_i \leftarrow \Delta w_i + \eta (t - v) x_i$；

对于线性单元的每个权 w_i，做 $w_i \leftarrow w_i + \Delta w_i$；

}

输出 w

2.3.2　多层人工神经网络

利用前面学习的梯度下降算法训练线性单元，我们只能够得到一个最佳拟合训练数据的线性超平面 $(\boldsymbol{w}, b)$，这里 $b = w_0$。但是线性决策面的分类能力有限，难以胜任很多复杂的分类任务（视频分析、字符识别、人脸识别等）。多层人工神经网络能够表示种类繁多的非线性曲面，得到高度非线性化的决策区域。一个三层神经网络结构如图 2-4 所示。

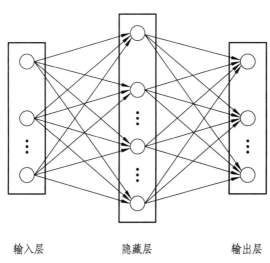

输入层　　　　　　隐藏层　　　　　　输出层

图 2-4　三层神经网络结构

在分层神经网络中，一般至少含有三个层次：一个输入层，一个隐藏层或多个隐藏层，一个输出层。相邻层间的单元是全连接的，即输入层的每个神经单元与隐藏层的每个神经单元是连接的，隐藏层的每个神经单元与输出层的每个神经单元是连接的。多层神经网络可以解决单层神经网络无法解决的非线性分类问题。

2.3.3　Sigmoid 单元

为了解决输出是输入的非线性单元，我们常采用非线性激励函数作用于单元的净输入，然后以非线性激励的响应作为神经元的输出。因此，在梯度下降算法中要求输出必须是输入的可微函数。一个常见的模型是以 Sigmoid 函数作为激励函数的神经单元，如图 2-5 所示。

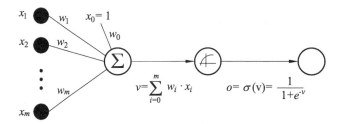

图 2-5　Sigmoid 函数作为激励函数的神经单元

下面我们来研究一下 Sigmoid 函数的性质。

Sigmoid 函数定义如下：

$$\sigma(v) = \frac{1}{1+\mathrm{e}^{-v}}$$

Sigmoid 函数是一个单调递增平滑函数。

Sigmoid 函数的一个性质就是能将非常大范围输入映射到一个小范围的输出，另一个性质就是它的导数很容易用它的输出来表示：

$$\sigma(v) = \frac{1}{1+\mathrm{e}^{-v}}$$

而它的导数为

$$\frac{\mathrm{d}\sigma(v)}{\mathrm{d}v} = \sigma(v)(1-\sigma(v))$$

其推导过程如下：

$$\frac{\mathrm{d}\sigma(v)}{\mathrm{d}v} = \frac{\mathrm{d}}{\mathrm{d}v}\left(\frac{1}{1+e^{-v}}\right) = -\frac{1}{(1+e^{-v})^2}\cdot\frac{\mathrm{d}}{\mathrm{d}v}(e^{-v})$$

$$= \frac{e^{-v}}{(1+e^{-v})^2}$$
$$= \frac{1}{1+e^{-v}}\left(1-\frac{1}{1+e^{-v}}\right)$$
$$= \sigma(v)(1-\sigma(v))$$

这将大大简化梯度下降算法中的导数计算。

2.3.4　反向传播（Back Propogation，BP）算法

1. BP 算法的误差函数

将多个 Sigmoid 神经单元连接成一个三层网络，利用 BP 算法来学习这个网络的权值。我们重新定义误差函数 E：

$$E(\boldsymbol{w}) = \frac{1}{2}\sum_{d\in D}\sum_{k\in O}(t_{kd}-v_{kd})$$

式中，O 是网络输出层单元的集合，t_{kd} 和 v_{kd} 是将训练样本 d 作为网络输入时在第 k 个输出单元的输出值，误差 E 被看成是网络各层间所有连接的权的函数，由这些权值共同决定。

2. BP 算法的推导过程

首先给出一些记号：

x_{ji}：单元 j 的第 i 个输入；

w_{ji}：与输入 x_{ji} 相关联的权值；

$nn_j = \sum_i w_{ji}x_{ji}$：单元 j 的净输出（未经过激励函数）；

$v_j = \sigma(nn_j)$：单元 j 的实际输出；

t_j：单元 j 的目标输出；

σ：sigmoid 函数；

D：输入数据集；

O：输出层单元的集合。

增量梯度下降法的主要特点是对于每一个训练样本 d，利用对应这个样本的误差 E_d 的梯度来修改权值，具体修改公式如下：

$$\Delta w_{ji} = -\eta \frac{\partial E_d}{\partial w_{ji}}$$

式中，E_d 是训练样本 d 的误差，计算公式如下：

$$E_d(\boldsymbol{w}) = \frac{1}{2} \sum_{k \in O} (t_k - v_k)^2$$

这里 t_k 是输出层单元对于训练样本 d 的目标输出值，v_k 是以训练样本 d 作为输入时第 k 个输出单元的实际输出。

下面给出推导过程：

（1）单元 j 为一个输出层单元。

$$\frac{\partial E_d}{\partial nn_j} = \frac{\partial E_d}{\partial v_j} \frac{\partial v_j}{\partial nn_j} \tag{2-1}$$

公式（2-1）中第一项计算如下：

$$\frac{\partial E_d}{\partial v_j} = \frac{\partial}{\partial v_j} \left(\frac{1}{2} \sum_{k \in O} (t_k - v_k)^2 \right)$$

注意到，当 $k \neq j$ 时，$\frac{\partial}{\partial v_j}(t_k - v_k)^2 = 0$，因此

$$\frac{\partial E_d}{\partial v_j} = \frac{\partial}{\partial v_j} \left(\frac{1}{2} \right)(t_j - v_j)^2$$

$$= \frac{1}{2} \cdot 2(t_j - v_j) \frac{\partial(t_j - v_j)}{\partial v_j}$$

$$= -(t_j - v_j)$$

公式（2-1）中第二项计算如下：

$$\frac{\partial v_j}{\partial nn_j} = \frac{\partial \sigma(nn_j)}{\partial nn_j} = v_j(1 - v_j)$$

综上公式（2-1）变为

$$\frac{\partial E_d}{\partial nn_j} = -(t_j - v_j)v_j(1-v_j)$$

又因为：
$$\frac{\partial E_d}{\partial w_{ji}} = \frac{\partial E_d}{\partial nn_j} \frac{\partial nn_j}{\partial w_{ji}}$$

$$= \frac{\partial E_d}{\partial nn_j} \frac{\partial \left(\sum_i w_{ji} x_{ji}\right)}{\partial w_{ji}} = \frac{\partial E_d}{\partial nn_j} x_{ji}$$

则更新规则如下：

$$\Delta w_{ji} = -\eta \frac{\partial E_d}{\partial nn_j} = \eta(t_j - v_j)v_j(1-v_j)x_{ji}$$

如果令 $\delta_j = (t_j - v_j)v_j(1-v_j)$ ，则更新规则可表示为

$$\Delta w_{ji} = \eta \delta_j x_{ji}$$

（2）单元 j 为一个隐藏层单元。

同理可得隐藏层单元 j 的权值更新法则：

$$\Delta w_{jk} = \eta \delta_j x_{jk}$$

3. BP 算法描述

算法 2.2　BP 算法。
BP（ $trainset, \eta, input, output, hidden$ ）
{// trainset 中的每个训练样本以序对 $\langle \boldsymbol{x}, \boldsymbol{t} \rangle$ 的形式给出。其中 $\boldsymbol{x}$ 是样本特征向量，是输入。 // η 是学习率；$input$,$output$,$hidden$ 分别是输入层、输出层、隐藏层单元数量。 // x_{ji} 表示从单元 i 到单元 j 的输入， w_{ji} 表示从单元 i 到单元 j 的权值。 初始化：构建具有 $input$ 个输入层、$hidden$ 个隐藏层、$output$ 个输出层的神经网络 ANN； 　　将所有的网络权值初始化为小的随机值；

While（终止条件）

{　　对于训练样本中的每个 ⟨*x*,*t*⟩：

//将输入沿网络向前传播；

把样本 *x* 输入网络，并计算网络中每个单元 *u* 的输出 v_u ；

//使误差沿网络反向传播；

对于网络中的每个输出单元 *k*，计算它的误差项 δ_k ；

$$\delta_k \leftarrow v_k(1-v_k)(t_k-v_k)$$

对于网络中的每个输出单元 *h*，计算它的误差项 δ_h ；

$$\delta_h \leftarrow v_h(1-v_h)\sum_{k \in outputs} w_{kh}\delta_k$$

更新每个网络权值 w_{ji} ：

$$w_{ji} \leftarrow w_{ji}+\Delta w_{ji}，其中 \Delta w_{ji}=\eta\delta_j x_{ji}$$

}

}

2.4 BP 算法在手写数字字符识别中的应用

1. 问题描述

我们的问题是从输入的含有 0～9 中某个数字的图像，输出对应的数字。

2. 输入编码

数据集：数据集包含 0～9 这 10 个数字的手写体图片，存放在 10 个文件夹里，文件夹的名称为对应存放的手写数字图片的数字，每个数字 500 张，每张图片的像素统一为 64×32。数据集中的图像均为二值图像。手写字符样例如图 2-6 所示。

图 2-6　手写字符样例

图像识别一般要对图像进行预处理和特征提取。可以使用二值图像特征提取算法——LBP 算法，也可以使用 PCA 算法实现降维处理。采用这些方式编码的特征向量的维数是图像高与宽像素数的乘积，而降维处理会产生大量计算，影响计算效率，本文介绍另一种方法，即重采样法。

3. 图像重采样

由于神经网络的输入单元数量与特征维数相等，高维特征也就意味着大量的输入权值，处理复杂度会剧增。我们通过重采样技术对训练样本图像进行重采样。如果采样步骤设为 4，可将图像统一采样到 16×32 的分辨率。

最近邻插值法：一种最基本、最简单的图像缩放算法，效果也是最不好的，放大后的图像有很严重的马赛克，缩小后的图像有很严重的失真。效果不好的根源就是简单的最临近插值方法引入了严重的图像失真，比如，当由目标图的坐标反推得到的源图的坐标是一个浮点数的时候，采用了四舍五入的方法，即直接采用了和这个浮点数最接近的像素的值，这种方法是很不科学的，当推得坐标值为 0.75 的时候，不应该就简单的取为 1，既然是 0.75，比 1 要小 0.25，比 0 要大 0.75，那么目标像素值其实应该根据这个源图中虚拟的点四周的 4 个真实的点来按照一定的规律计算出来的，这样才能达到更好的缩放效果。

双线型内插值算法：一种比较好的图像缩放算法，它充分利用了源图中虚拟点四周的 4 个真实存在的像素值来共同决定目标图中的一个像素值，因此缩放效果比简单的最邻近插值要好很多。

4. 数据归一化

数据归一化是指将输入特征的各个属性缩放至一个统一的区间内，从而使各个属性在分类中具有相同的作用。一般来讲数据归一化有以下两种方法：

1）最大最小规格化

该方法对初始数据进行线性变换。设 $\min_A$ 和 $\max_A$ 分别为属性 A 的最小和最大值。最大最小规格化方法将属性 A 的一个值 h 映射为 $\bar{h}$ 且 $\bar{h} \in [new\min_A, new\max_A]$。具体映射计算公式如下：

$$\bar{h} = \frac{h - \min_A}{\max_A - \min_A}(new\max_A - new\min_A) + new\min_A$$

2）零均值规格化

该方法是根据属性 A 的均值和偏差来对 A 进行规格化，可将训练集中的每个样本特征的均值统一变换为 0，并且具有统一的方差。属性 A 的值 h 可以被以下公式映射为 $\bar{h}$，即

$$\bar{h} = \frac{h - \mu_A}{\sigma_A}$$

式中，μ_A 和 σ_A 分别为属性的均值和方差。

5. 输出编码

对于一个具有 n 种类型的问题，网络要给出 n 个值来对应这 n 个类别。编码方法有：

（1）使用单一的输出单元来编码 n 种分类。对于数字识别问题，可以指定输出 0, 0.1, 0.2, 0.3, …, 0.9 这 10 个可能的值对应 10 个基本数码。

（2）输出单元为类别信息的二进制编码形式。对于数字识别问题，采用 8421 码，共需 4 个输出单元。例如，类别 3 的编码为 0011。

（3）使用与类别数目 n 相等的输出单元数目，每个输出对应于一个类别标记，训练时对于第 i 类样本将第 i 个输出单元置一个最高值（如 0.9），而其他单元置最低值（如 0.1）作为目标输出。对于数字识别问题，用<0.9，0.1，0.1，0.1，0.1，0.1，0.1，0.1，0.1，0.1>来编码数字 0，用<0.1，0.1，0.1，0.1，0.1，0.1，0.1，0.1，0.1，0.9>来编码数字 9。

6. 确定神经元网络层数

输入层和输出层单元数目确定后，还需要决定隐藏层的层数和每层的单元数目。一般隐藏层的层数选取 1 层，层数多会使训练时间变长。一般来讲隐藏层单元数量越多，就意味着更多的权值，这为网络拟合训练数据

提供了更大的自由度，收敛速度也较快。然而，隐藏层单元数目太大，容易产生过拟合，它的泛化精度反而下降。

7. 设定网络其他参数

学习率 η 要设置得足够小，以防止搜索步长太大而越过误差曲面最小值。标准梯度下降法设定在 0.3，增量梯度下降法设定在 0.1 或 0.05。

2.5　小　结

本章介绍了图像处理的基本知识和特征提取的必备知识，介绍了神经网络优化计算的基本理论，对 BP 算法进行了深入研究并进行了算法的实现。将优化方法应用于数字图像处理，我们从中可以学习到将智能优化算法应用于图像处理的路径和技术。

2.6　参考文献

[1] 靳蕃. 神经计算智能基础原理与方法[M]. 成都：西南交通大学出版社，2000.

[2] 张汝波. 计算智能基础[M]. 哈尔滨：哈尔滨工程大学出版社，2000.

[3] 徐立中，李士进，石爱业. 数字图像的智能信息处理[M]. 北京：国防工业出版社，2007.

[4] GONZALEZ R C，WOODS R E. 数字图像处理（英文）[M]. 4 版. 北京：电子工业出版社，2020.

[5] 边肇祺，张学工，等. 模式识别[M]. 2 版. 北京：清华大学出版社，2000.

[6] NILSSON N J. 人工智能[M]. 郑扣根，庄越挺，译. 北京：机械工业出版社，2003.

[7] 杨兴江. BP 算法的程序实现与改进[J]. 阿坝师范高等专科学校学报，2002，35（2）：111-113.

[8] 蒋先刚. 数字图像模式识别工程软件设计[M]. 北京：中国水利水电出版社，2008.

[9] 许国根，贾瑛. 模式识别与智能计算的 Matlab 实现[M]. 北京：北京航空航天大学出版社，2023.

第3章

蚁群算法及其应用

3.1 蚁群算法的基本原理

蚁群算法是一种智能算法，通过模拟蚁群的觅食行为来对问题进行求解（见图 3-1）。蚂蚁在觅食过程中能够在其经过的路径上留下一种称之为信息素的物质，并在觅食过程中能够感知这种物质的强度，并指导自己行动方向，它们总是朝着该物质强度高的方向移动，因此大量蚂蚁组成的集体觅食就表现为一种对信息素的正反馈现象。某一条路径越短，路径上经过的蚂蚁越多，其信息素遗留的也就越多，信息素的浓度也就越高，蚂蚁选择这条路径的概率也就越高，由此构成正反馈过程，从而逐渐地逼近最优路径，找到最优路径。

蚂蚁在觅食过程时，是以信息素作为媒介而间接进行信息交流，当蚂蚁从食物源走到蚁穴，或者从蚁穴走到食物源时，都会在经过的路径上释放信息素，从而形成了一条含有信息素的路径，蚂蚁可以感觉出路径上信息素浓度的大小，并且以较高的概率选择信息素浓度较高的路径。

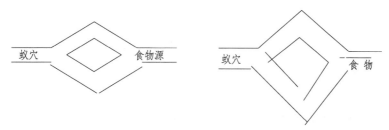

图 3-1 蚁群算法的基本原理

蚂蚁的搜索主要包括三种智能行为：

（1）蚂蚁的记忆行为。一只蚂蚁搜索过的路径在下次搜索时就不再被该蚂蚁选择，因此在蚁群算法中应建立禁忌表进行模拟。

（2）蚂蚁利用信息素进行相互通信。蚂蚁在所选择的路径上会释放一种信息素的物质，当其他蚂蚁进行路径选择时，会根据路径上的信息素浓度进行选择，这样信息素就成为蚂蚁之间进行通信的媒介。

（3）蚂蚁的集群活动。通过一只蚂蚁的运动很难达到食物源，但整个蚁群进行搜索就完全不同。当某些路径上通过的蚂蚁越来越多时，路径上留下的信息素数量也就越多，导致信息素强度增大，蚂蚁选择该路径的概率随之增加，从而进一步增加该路径的信息素强度，而通过的蚂蚁比较少的路径上的信息素会随着时间的推移而挥发，从而变得越来越少。

3.2 蚂蚁系统

3.2.1 基本蚂蚁系统

蚂蚁系统（AS）是最早的蚁群算法。其搜索过程大致如下：

在初始时刻，m 只蚂蚁随机放置于城市中，各条路径上的信息素初始值相等，设为 $\gamma_{ij}(0)=\gamma_0$，可设 $\gamma_0=m/L_m$，L_m 是由最近邻启发式方法构造的路径长度。其次，蚂蚁 $k(k=1,2,\cdots,m)$ 按照随机比例规则选择下一步要转移的城市，其选择概率为

$$p_{ij}^k(t)=\begin{cases}\dfrac{[\gamma_{ij}(t)]^\alpha[\eta_{ij}(t)]^\beta}{\sum\limits_{s\in allowed_k}[\gamma_{is}(t)]^\alpha[\eta_{is}(t)]^\beta},j\in allowed_k;\\0,\text{其他}\end{cases}\qquad(3\text{-}1)$$

式中，γ_{ij} 为边 (i,j) 上的信息素，$\eta_{ij}=1/d_{ij}$ 为从城市 i 转移到城市 j 的启发式因子，$allowed_k$ 为蚂蚁 k 下一步被允许访问的城市集合。

为了不让蚂蚁选择已经访问过的城市，采用禁忌表 $tabu_k$ 来记录蚂蚁 k 当前所走过的城市。经过 t 时刻，所有蚂蚁都完成一次周游，计算每只蚂蚁所走过的路径长度，并保存最短的路径长度，同时，更新各边上的信息

素。首先是信息素挥发，其次是蚂蚁在它们所经过的边上释放信息素，其公式如下：

$$\gamma_{ij} = (1-\rho)\gamma_{ij}$$

式中，ρ 为信息素挥发系数，且 $0 < \rho \leqslant 1$。

$$\gamma_{ij} = \gamma_{ij} + \sum_{k=1}^{m} \Delta\gamma_{ij}^{k}$$

式中，$\Delta\gamma_{ij}^{k}$ 是第 k 只蚂蚁向它经过的边释放的信息素，定义为

$$\Delta\gamma_{ij}^{k} = \begin{cases} 1/d_{ij}, & \text{如果边}(i,j)\text{在路径}T^{k}\text{上;} \\ 0, & \text{其他} \end{cases} \tag{3-2}$$

根据式（3-2）可知，蚂蚁构建的路径长度 d_{ij} 越小，则路径上各条边就会获得更多的信息素，则在以后的迭代中就更有可能被其他的蚂蚁选择。

完成一次循环后，清空禁忌表，蚂蚁重新回到初始城市，准备下一次周游。

大量的仿真实验发现，蚂蚁系统在解决小规模 TSP（旅行商问题）时性能尚可，能较快地发现最优解，但随着测试问题规模的扩大，AS 算法的性能下降的比较严重，容易出现停滞现象。因此，出现了大量的针对其缺点的改进算法。

3.2.2　精英蚂蚁系统

精英蚂蚁系统是对基本 AS 算法的第一次改进，它首先由 Dorigo 等人提出，它的设计思想是对算法每次循环之后给予最优路径额外的信息素量。找出这个解的蚂蚁称为精英蚂蚁。

将这条最优路径记为 T^{bs}（Best-so-far tour）。针对路径 T^{bs} 的额外强化是通过向 T^{bs} 中的每一条边增加 e/L^{bs} 大小的信息素得到的，其中 e 是一个参数，它定义了基于路径 T^{bs} 的权值大小，L^{bs} 代表了 T^{bs} 的长度。这样相应的信息素更新公式为

$$\gamma_{ij}(t+1)=(1-\rho)\gamma_{ij}(t)+\sum_{k=1}^{m}\Delta\gamma_{ij}^{k}(t)+e\Delta\gamma_{ij}^{bs}(t) \quad (3\text{-}3)$$

式中，$\Delta\gamma_{ij}^{k}(t)$ 的定义方法跟以前的相同，$\Delta\gamma_{ij}^{bs}(t)$ 的定义则为

$$\Delta\gamma_{ij}^{bs}(t)=\begin{cases} 1/L^{bs} & ，如果\ (i,j)\in T^{bs}; \\ 0 & ，其他 \end{cases} \quad (3\text{-}4)$$

Dorigo 等人的文章列举的计算结果表明，使用精英策略并选取一个适当的 e 值将使得 AS 算法不但可以得到更好的解，而且能够在更少的迭代次数下得到一些更好的解。

3.2.3　最大-最小蚂蚁系统

最大-最小蚂蚁系统(MMAS)是到目前为止解决 TSP 问题最好的 ACO（蚁群优化算法）方案之一。MMAS 算法是在 AS 算法的基础之上，主要作了如下的改进：（1）为避免算法过早收敛于局部最优解，将各条路径可能的外激素浓度限制于 $[\gamma_{\min},\gamma_{\max}]$，超出这个范围的值被强制设为 $\gamma_{\min}$ 或者是 $\gamma_{\max}$，可以有效地避免某条路径上的信息量远大于其余路径，避免所有蚂蚁都集中到同一条路径上；（2）强调对最优解的利用，每次迭代结束后，只有最优解所属路径上的信息被更新，从而更好地利用了历史信息；（3）信息素的初始值被设定为其取值范围的上界。在算法的初始时刻，ρ 取较小的值时，算法有更好地发现较好解的能力。所有蚂蚁完成一次迭代后，按（3-5）式对路径上的信息做全局更新：

$$\gamma_{ij}(t+1)=(1-\rho)\cdot\gamma_{ij}(t)+\Delta\gamma_{ij}^{best}(t), \quad \rho\in(0,1) \quad (3\text{-}5)$$

$$\Delta\gamma_{ij}^{best}=\begin{cases} \dfrac{1}{L^{best}} & ，如果边(i,j)包含在最优路径中; \\ 0, & 其他 \end{cases} \quad (3\text{-}6)$$

允许更新的路径可以是全局最优解，或本次迭代的最优解。实践证明，逐渐增加全局最优解的使用频率，会使该算法获得较好的性能。

3.2.4　基于排序的蚁群算法

基于排序的蚂蚁系统（ASrank）是对 AS 算法的一种改进。其改进思想是：在每次迭代完成后，蚂蚁所经路径将按从小到大的顺序排列，即 $L^1(t) \leqslant L^2(t) \leqslant \cdots \leqslant L^m(t)$。算法根据路径长度赋予不同的权重，路径长度越短，权重越大。全局最优解的权重为 w，第 r 个最优解的权重为 $\max\{0, w-r\}$，则 ASrank 的信息素更新规则为

$$\gamma_{ij}(t+1) = (1-\rho)\cdot\gamma_{ij}(t) + \sum_{r=1}^{w-1}(w-r)\cdot\Delta\gamma_{ij}^r(t) + w\cdot\Delta\gamma_{ij}^{gb}(t), \quad \rho \in (0,1) \qquad （3-7）$$

式中，$\Delta\gamma_{ij}^r(t) = 1/L^r(t)$，$\Delta\gamma_{ij}^{gb}(t) = 1/L^{gb}$。

3.2.5　蚁群系统

蚁群系统（ACS）是由 Dorigo 等人提出来的改进的蚁群算法，它与 AS 的不同之处主要体现在三个方面：（1）采用不同的路径选择规则，能更好地利用蚂蚁所积累的搜索经验；（2）信息素挥发和信息素释放动作只在至今最优路径的边上执行，即每次迭代之后只有至今最优蚂蚁被允许释放信息素；（3）除了全局信息素更新规则外，还采用了局部信息素更新规则。

在 ACS 中，位于城市 i 的蚂蚁 k（见图 3-2），根据伪随机比例规则选择城市 j 作为下一个访问的城市。路径选择规则由式（3-8），式（3-9）给出：

$$j = \begin{cases} \arg\max_{l \in allowed_k}\left\{\gamma_{il}\left[\eta_{il}\right]^\beta\right\}, & \text{如果} q \leqslant q_0; \\ J, & \text{其他} \end{cases} \qquad （3-8）$$

$$p_{ij}^k(t) = \begin{cases} \dfrac{\left[\gamma_{ij}(t)\right]^\alpha\left[\eta_{ij}(t)\right]^\beta}{\displaystyle\sum_{s \in allowed_k}\left[\gamma_{is}(t)\right]^\alpha\left[\eta_{is}(t)\right]^\beta}, & \text{如果} \quad j \in allowed_k; \\ 0, & \text{其他} \end{cases} \qquad （3-9）$$

式中，q 是均匀分布在区间 [0,1] 中的一个随机变量，$q_0 (0 \leqslant q_0 \leqslant 1)$ 是一个参数，J 是根据式（3-9）给出的概率分布产生出来的一个随机变量（其中

$\alpha = 1$)。

ACS 的全局信息素更新规则为

$$\gamma_{ij} = (1-\rho)\gamma_{ij} + \rho \Delta \gamma_{ij}^{bs}, \quad \forall (i,j) \in T^{bs} \tag{3-10}$$

$$\Delta \gamma_{ij}^{bs} = 1/C^{bs} \tag{3-11}$$

ACS 的局部信息素更新规则方式定义：

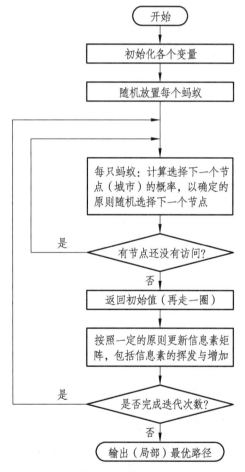

图 3-2　ACS 算法流程图

在路径构建过程中，蚂蚁每经过一条边 (i,j) ，都将立刻调用这条规则更新该边上的信息素：

$$\gamma_{ij} = (1-\rho)\gamma_{ij} + \xi\gamma_0 \qquad\qquad (3\text{-}12)$$

式中，ξ 和 γ_0 是两个参数，ξ 满足 $0 < \xi < 1$，γ_0 是信息素量的初始值。局部更新的作用在于，蚂蚁每一次经过边 (i, j)，该边的信息素 γ_{ij} 将会减少，从而使得其他蚂蚁选中该边的概率相对减少。

3.3　蚁群算法在求解 TSP 问题中的应用

3.3.1　TSP 问题描述

TSP 问题的数学表述为：一个有穷的城市集合 $C = \{C_1, C_2, \cdots, C_m\}$，对于每一对城市 $(C_i, C_j) \in C$ 有距离 $d(C_i, C_j) \in R^+$。问：经过 C 中所有城市的旅行路线，记为序列，是否存在最小的正数 B，对所有可能的序列的路径之和的最短距离不超过正数 B。

（1）两个城市 (C_i, C_j) 之间的距离设为 d_{ij}，代表的是 $d(C_i, C_j) \in R^+$。

（2）γ_{ij}^t 表示 t 时刻在城市 C_i 和 C_j 路线上残留的信息量，初始值一般为一个常量 θ_0。

（3）参数 ρ 表示信息量的残留度。

（4）在 $t+1$ 时刻城市 C_i 和 C_j 路线上信息量的更新公式为

$$\gamma_{ij}^{t+1} = \rho \cdot \gamma_{ij}^t + \Delta\gamma_{ij}^{t+1}$$

$$\Delta\gamma_{ij}^{t+1} = \sum_{k=1}^{n} \Delta\gamma_{ij}^k$$

式中，$\Delta\gamma_{ij}^t = \begin{cases} \dfrac{Q}{L_k}, & \text{第} k \text{只蚂蚁经过} C_i, C_j \text{时;} \\ 0, & \text{当不经过时。} \end{cases}$

（5）η_{ij} 表示两个城市 (C_i, C_j) 之间的距离，设为 d_{ij} 的反比：

$$\eta_{ij} = \frac{1}{d_{ij}}$$

（6）每个蚂蚁在当前城市选择下一个城市的转移概率为 P_{ij}^k，

$$P_{ij}^k = \begin{cases} \dfrac{\gamma_{ij}^\alpha \eta_{ij}^\beta}{\sum\limits_{s \in allowed_k} \gamma_{is}^\alpha \eta_{is}^\beta}, j \in allowed_k \\ 0, 其他 \end{cases}, \quad \alpha, \ \beta 为信息;$$

3.3.2 仿真实验

```
%anttsp.m
clc;
clear all;
load('citydata.mat');
X_pos=cityxy(:,1);
Y_pos=cityxy(:,2);
C=[X_pos Y_pos];
N=size(C,1);
D=zeros(N,N);
for i=1:N
    for j=1:N
        if i ~ =j
            D(i,j)=((C(i,1)-C(j,1))^2+(C(i,2)-C(j,2))^2)^0.5;
        else
            D(i,j)=0;
        end
        end
    end

iternum=500;
Itc=1;
```

```
limititer=0;
ant=40;
a=1;
b=5;
w=0.2;
Q=12;
s=1./D;
TL=ones(N,N);
%Tabu=zeros(N,N);
Table=zeros(N,N);
Rbest=zeros(iternum,N);
Lbest=inf.*ones(iternum,1);
Lave=zeros(iternum,1);

while Itc<=iternum
    for i=1:ant
    randpos=randperm(N);
    start=randpos(1);
    end




    Table(:,1)=start;
    cityindex=1:N;
        for i=1:ant
        for j=2:N
                tabu=Table(i,1:(j-1));
```

```
                allowindex= ~ ismember(cityindex,tabu);

                allow=cityindex(allowindex);

                p=allow;


                for k=1:length(allow)


                p(k)=(TL(tabu(end),allow(k))^a)*(s(tabu(end),allow(k))^b);
        end
        p=p/sum(p);
        Pcum=cumsum(p);
        targetindex=find(Pcum>=rand);
        target=allow(targetindex(1));
        Table(i,j)=target;
    end
        end



L=zeros(ant,1);
for    i=1:ant;
    R=Table(i,:);
    for j=1:N-1
            L(i)=L(i)+D(R(j),R(j+1));
    end
    L(i)=L(i)+D(R(N),R(1));
end
if Itc==1
    [minlength,minindex]=min(L);
```

```
        Lbest(Itc)=minlength;
        Lave(Itc)=mean(L);
        Rbest(Itc,:)=Table(minindex,:);
        limititer=1;
    else
        Lbest(Itc)=min(Lbest(Itc-1),minlength);
          Lave(Itc)=mean(L);
          if Lbest(Itc)==minlength
                Rbest(Itc,:)=Table(minindex,:);
                limititer=Itc;
          else
                Rbest(Itc,:)=Rbest((Itc-1),:);
          end
    end


        DeltaTL=zeros(N,N);
        for i=1:ant
            for j=1:(N-1)
            DeltaTL(Table(i,j),Table(i,j+1))= DeltaTL(Table(i,j),Table(i,j+
1))+Q/L(i);
            end
                DeltaTL(Table(i,N),Table(i,1))= DeltaTL(Table(i,N),Table(i,
1))+Q/L(i);
        end
        TL=(1-w)*TL+DeltaTL;
        Itc=Itc+1;
```

```
        Table=zeros(ant,N);
    end
    [shortestlength,index]=min(Lbest);
    shortroute=Rbest(index,:);
    disp(['最短距离:',num2str(shortestlength)]);
    disp(['最短路径:',num2str([shortroute    shortroute(1)])]);
    disp(['收敛迭代次数:',num2str(limititer)]);
    set(gca,'LineWidth',1.5);
    figure(1)
    %for i=1:N-1
        %plot([X_pos(i),X_pos(i+1)],[Y_pos(i),Y_pos(i+1)],'-r');
     %   hold on
    %end
    plot([C(shortroute,1);C(shortroute(1),1)],[C(shortroute,2);C(shortroute(2)
,2)],'k.-','Markersize',20);
    set(gca,'LineWidth',1.5);
    grid on;
    for i=1:N
        text(C(i,1),C(i,2),[' ',num2str(i)]);
    end
    text(C(shortroute(1),1),C(shortroute(1),2),'  起点');
    text(C(shortroute(end),1),C(shortroute(end),2),'   终点');
    xlabel('城市横坐标');
    ylabel('城市纵坐标');
```

最优路径如图 3-3 所示。

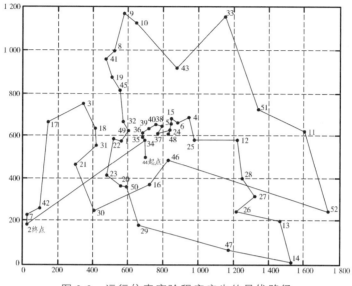

图 3-3　运行仿真实验程序产生的最优路径

3.4　小　结

本章介绍群体智能蚁群算法的基本概念、主要模型和改进算法。介绍了基本蚁群算法、精英蚂蚁系统、最大-最小蚂蚁系统、基于排序的蚁群算法、蚁群系统。最后讲述了蚁群系统解决 TSP 问题的思路和技术，给出了 Matlab 代码和仿真结果。

3.5　参考文献

[1]　ENGELBRECHT A P. 计算群体智能基础[M]. 谭营，等，译. 北京：清华大学出版社，2009.

[2]　KENNEDY J, EBERHART R C. 群体智能[M]. 北京：人民邮电出版社，2009.

[3]　陈宝林. 最优化理论与算法[M]. 2 版. 北京：清华大学出版社，2005.

[4]　许国根，贾瑛. 模式识别与智能计算的 MATLAB 实现[M]. 北京：北京航空航天大学出版社，2012.

第4章

遗传算法优化在数字图像水印技术中的应用

4.1 遗传算法简介

遗传算法（Genetic Algorithms，GA）是基于生物进化理论的原理发展起来的一种广为应用的、高效的随机搜索与优化的方法。其主要特点是群体搜索策略和群体中个体之间的信息交换，搜索不依赖梯度信息。它是在 20 世纪 70 年代初期由美国密执根（Michigan）大学的霍兰（Holland）教授发展起来的。1975 年霍兰教授发表了第一本比较系统论述遗传算法的专著《自然系统与人工系统中的适应性》（*Adaptation in Natural and Artificial Systems*）。

接下来遗传算法得到了深度研究和广泛应用。进入 20 世纪 90 年代，遗传算法迎来了快速发展时期，无论是理论研究还是应用研究都成了十分热门的课题。尤其是遗传算法的应用研究显得格外活跃，不但对它的应用领域扩大了，而且利用遗传算法进行优化和规则学习的能力也显著提高，同时产业应用方面的研究也在摸索之中。此外，一些新的理论和方法在应用研究中亦得到了迅速发展，这些无疑都给遗传算法增添了新的活力。遗传算法的应用研究已从初期的组合优化求解扩展到了许多更新、更工程化的应用方面。随着应用领域的扩展，遗传算法的研究出现了几个引人注目的新动向：一是基于遗传算法的机器学习，这一新的研究课题把遗传算法从历来离散的搜索空间的优化搜索算法扩展到具有独特规则生成功能的崭新的机器学习算法。这一新的学习机制给解决人工智能中知识获取和知识优化精炼的瓶颈难题带来了希望。二是遗传算法正日益和神经网络、模糊推理以及混沌理论等其他智能计算方法相互渗透和结合，这对开拓未来新的智能计算技术将具有重要的意义。三是并行处理的遗传算法的研究十分活跃。这一研究不仅对遗传算法本身的发展具有重要意义，而且对于新一代智能计算机体系结构的研究都是十分重要的。四是遗传算法和另一个被称为人工生命的崭新研究领域正不断互相渗透。所谓人工生命即是用计算机模拟自然界丰富多彩的生命现象，其中生物的自适应、进化和免疫等现象是人工生命的重要研究对象，而遗传算法在这方面将会发挥一定的作用。五是遗传算法和进化规划（Evolution Programming，EP）以及进化策略（Evolution Strategy，ES）等进化计算理论日益结合。EP 和 ES 几乎是和遗传算法同时独立发展起来的，同遗传算法一样，它们也是模拟自然界生物进化机制的智能计算方法，即同遗传算法具有相同之处，也有各自的特点。目前，对这三者之间的比较研究和彼此结合的探讨正形成热点。

4.2　遗传算法的特点

遗传算法是解决搜索问题的一种通用算法，对于各种通用问题都可以使用。搜索算法的共同特征为：（1）首先组成一组候选解；（2）依据某些适应性条件测算这些候选解的适应度；（3）根据适应度保留某些候选解，放弃其他候选解；（4）对保留的候选解进行某些操作，生成新的候选解。在遗传算法中，上述几个特征以一种特殊的方式组合在一起：基于染色体群的并行搜索，带有猜测性质的选择操作、交换操作和突变操作。这种特殊的组合方式将遗传算法与其他搜索算法区别开来。

遗传算法还具有以下几方面的特点：

（1）遗传算法的处理对象不是参数本身，而是对参数集进行了编码的个体。此操作使得遗传算法可直接对结构对象进行操作。

（2）许多传统搜索算法都是单点搜索算法，容易陷入局部的最优解。

遗传算法同时处理群体中的多个个体,即对搜索空间中的多个解进行评估,减少了陷入局部最优解的风险,同时算法本身易于实现并行化。

(3)遗传算法基本上不用搜索空间的知识或其他辅助信息,而仅用适应度函数值来评估个体,在此基础上进行遗传操作。适应度函数不仅不受连续可微的约束,而且其定义域可以任意设定。这一特点使得遗传算法的应用范围大大扩展。

(4)遗传算法不是采用确定性规则,而是采用概率的变迁规则来指导其搜索方向。

(5)具有自组织、自适应和自学习性。遗传算法利用进化过程获得的信息自行组织搜索,适应度大的个体具有较高的生存概率,并获得更适应环境的基因结构。

4.3　遗传算法的原理

遗传算法是从代表问题可能潜在解里的一个种群开始的,而一个种群则由经过基因编码的一定数目的个体组成。每个个体实际上是染色体,即带有遗传特征的实体。染色体作为遗传物质的主要载体,即多个基因的集合,其内部表现(即基因型)是某种基因组合。它决定了个体性状的外部表现,如黑头发的特征是由染色体中控制这一特征的某种基因组合决定的。因此,一开始初始化种群,然后需要对初始种群中的每一个个体进行从表现型到基因型的映射即编码工作,再根据适应度函数求出每个个体的适应度,按照"优胜劣汰,适者生存"的原理,逐代(Generation)演化产生出越来越好的近似解。在每一代根据问题域中个体的适应度大小挑选个体,并借助自然遗传学的遗传算子进行组合交叉和变异,产生出代表新的解集的种群。这个过程将导致种群像自然进化一样,后生代种群比前代更加适应于环境,末代种群中的最优个体经过解码,可以作为问题近似最优解。

4.3.1　个体编码与解码

生物的染色体(个体)对应的是计算机的编码表示,将应用问题的复杂结构，简化为位串形式编码表示。将问题结构变换为位串形式编码表示的过程叫作编码。将位串形式编码表示变换为原问题结构的过程叫作解码或译码。位串形式编码表示叫作染色体，也叫作个体编码。其常见的编码格式有以下几种：

1. 二进制编码法

定编码的长度为 I，则有 2^I 种不同的编码，解码过程即把二进制转换成十进制。缺点是长度较大。

2. 浮点数编码法

个体中的每一个染色体用某一范围内的一个浮点数来表示，个体的编码长度等于其问题变量的个数，适合多维、高精度要求的连续函数优化问题。

3. 符号编码法

个体染色体编码串中的基因值取自一个无数值含义而只有代码含义的符号集。

4.3.2　适应度函数

个体的优劣程度由适应度函数进行评价，适应度值越大，个体在下一代中的存活率就越高。一般来讲，适应度函数是优化目标函数的直接转化。一般的变换方法有线性变换、指数变换和幂函数变换等。不同的变换对个体的存活时间和算法性能有很大的影响。线性变换可以缩小或扩大个体间的适应度差距，指数函数有利于选择具有最大适应度的个体，幂函数的缩放比例与解决问题具有特定关联性。

适应度函数的设定与解决的问题有关，一个能反映问题固有特性的适应度函数将有助于算法快速精确地找到最优解。

4.3.3　遗传操作

遗传操作主要是用于产生新的种群，主要操作有三种，分别是选择、交叉和变异。

1. 选择操作

选择操作是指根据个体的适应度函数值所度量的优劣程度决定下一代是被淘汰还是被遗传。一般选择算法有轮盘赌算法、随机遍历抽样、局部选择、截断选择和锦标赛选择，其中应用最为广泛的是轮盘赌选择。轮盘赌选择是从染色体群体中选择一些成员的方法，被选中的概率和它们的适应性分数成比例，染色体的适应性分数愈高，被选中的概率也愈多。这不保证适应性分数最高的成员一定能选入下一代，仅仅说明它有最大的概率被选中。

2. 交叉操作

交叉操作指将被选择出的两个个体作为父母个体，将两者的部分码值进行交换。交叉算法主要有：实值重组、离散重组、中间重组、线性重组、扩展线性重组以及单点交叉、多点交叉、均匀交叉、洗牌交叉等，选用最多的方法是单点交叉方法。

3. 变异操作

如果只考虑交叉操作实现进化机制，在多数情况下是不行的，这与生物界近亲繁殖影响进化历程是类似的。因为种群的个体数是有限的，经过若干代交叉操作，会出现源于一个较好祖先的子个体逐渐充斥整个种群的现象，导致问题会过早收敛，即最后获得的个体不能代表问题的最优解。为避免过早收敛，有必要在进化过程中加入具有新遗传基因的个体。解决办法之一是效法自然界生物变异。生物性状的变异实际上是控制该性状的基因码发生了突变，这对于保持生物多样性是非常重要的。模仿生物变异的遗传操作，对于二进制的基因码组成的个体种群，实现基因码的小概率翻转，即达到变异的目的。

变异的方法一般是改变数码串的某个位上的数码。二进制编码表示的简单变异操作是将 0 与 1 互换：0 变异为 1，1 变异为 0。产生一随机整数 k，对编码从右向左的第 k 位进行变异操作。

4.4 遗传算法的伪码

算法 4.1 遗传算法的伪码。

```
/*
* Pc: 交叉发生的概率;
* Pm: 变异发生的概率;
* M: 种群规模;
* G: 终止进化的代数;
* Tf: 进化产生的任何一个个体的适应度函数超过 Tf, 则可以终止进化过程
*/
初始化 Pm, Pc, M, G, Tf 等参数, 随机产生第一代种群 Pop
Do
{
        计算种群 Pop 中每一个体的适应度 F(i)
        初始化空种群 newPop
        Do
        {
            根据适应度以比例选择算法从种群 Pop 中选出 2 个个体
            if ( random ( 0 , 1 ) < Pc )
            {
                对 2 个个体按交叉概率 Pc 执行交叉操作
            }
            if ( random ( 0 , 1 ) < Pm )
            {
                对 2 个个体按变异概率 Pm 执行变异操作
            }
            将 2 个新个体加入种群 newPop 中
        } until(M 个子代被创建)
        用 newPop 取代 Pop
}until(任何染色体得分超过 Tf, 或繁殖代数超过 G)
```

4.5　基本遗传算法优化

下面的方法可优化遗传算法的性能。

精英主义（Elitist Strategy）选择：基本遗传算法的一种优化。为了防止进化过程中产生的最优解被交叉和变异所破坏，可以将每一代中的最优解原封不动地复制到下一代中。

插入操作：可在 3 个基本操作的基础上增加一个插入操作。插入操作将染色体中的某个随机的片段移位到另一个随机的位置。

4.6　基于遗传算法的 DCT 域图像水印

4.6.1　DCT 变换

离散余弦变换（Discrete Cosine Transform，DCT）是一种实数域变换，即任何连续的实对称函数的傅里叶变换中只含有余弦项，因此余弦变换与傅里叶变换一样有明确的物理意义。DCT 变换是基于实数的正交变换，避免了傅里叶变换中的复数运算，计算速度快。DCT 变换矩阵的基向量很近似于 Toeplitz 矩阵的特征向量，而 Toeplitz 矩阵又体现了人类语言及图像信号的相关特性,故 DCT 常常被认为是对语音和图像信号处理的准最佳变换，同时 DCT 算法较易于在数字信号处理器中快速实现。因此，它在图像压缩中有很多应用，它是 PJEG、MPEG 等数据压缩标准的重要数学基础。

DCT 变换对图像进行压缩的原理是减少图像中的高频分量。高频主要是对应图像中的细节信息，而我们人眼对细节信息并不是很敏感，因此可以去除高频的信息量。另外，去掉 50% 的高频信息存储部分，图像信息量的损失不到 5%。

一个长度为 N 的序列 $s(x)$ 的一维离散余弦变换 $S(\mu)$ 的定义为

$$S(0) = \frac{1}{\sqrt{N}} \sum_{x=0}^{N-1} s(x)$$

$$S(\mu) = \sqrt{\frac{2}{N}} \sum_{x=0}^{N-1} s(x) \cos \frac{(2x+1)\mu\pi}{2N}$$

它的反离散余弦变换（IDCT）为

$$s(x) = \sqrt{\frac{1}{N}}S(0) + \sqrt{\frac{2}{N}}\sum_{\mu=1}^{N-1}S(\mu)\cos\frac{(2x+1)\mu\pi}{2N}$$

在数字图像处理中使用的二维 DCT，对于一幅图像，它的 DCT 变化为

$$S(\mu,\nu) = \frac{2}{N}c(\mu)c(\nu)s(x,y)\cos\left(\frac{\pi\mu(2x+1)}{2N}\right)\cos\left(\frac{\pi\nu(2y+1)}{2N}\right)$$

它的反离散余弦变换 IDCT 为

$$s(x,y) = \frac{2}{N}\sum_{\mu=0}^{N-1}\sum_{\nu=0}^{N-1}c(\mu)c(\nu)S(\mu,\nu)\cos\left(\frac{\pi\mu(2x+1)}{2N}\right)\cos\left(\frac{\pi\nu(2y+1)}{2N}\right)$$

上式中　　$c(\mu) = c(\nu) = \begin{cases} \dfrac{1}{\sqrt{2}}, & \mu = 0 \text{或} \nu = 0; \\ 1, & \mu,\ \nu = 1,\ 2,\cdots,\ N-1 \end{cases}$

　　二维 DCT 变换是有损数字图像压缩系统 JPEG 的核心。JPEG 系统首先将要压缩的图像转换为 YCbCr 颜色空间，并把整个图像的每个通道（Y、Cb、Cr）平面分成 8×8 的像素块，然后对所有像素块进行 DCT 变换。接下来实施量化工作，对所有的 DCT 系数除以一些预定义的量化值（见表 4-1），并取整到最近的整数。由于大多数图像的高频分量较小，相应图像高频成分的系数经常为零，加上人眼对高频成分的失真不太敏感，所以可以使用更粗的量化。处理的时候可以调整图像中不同频谱成分的影响，尤其是减少最高频的 DCT 系数，它们主要是噪声，并不含图像的细节。最终获得的 DCT 系数通过熵编码器进行压缩。在 JPEG 译码时，逆量化所有的 DCT 系数，乘以预定义量化值，然后使用 IDCT 重构数据。恢复后的图像接近于原始图像。

表 4-1 预定义的量化值

(μ, ν)	0	1	2	3	4	5	6	7
0	16	11	10	16	24	40	51	61
1	12	12	14	19	26	58	60	55
2	14	13	16	24	40	57	69	56
3	14	17	22	29	51	87	80	62
4	18	22	37	56	68	109	103	77
5	24	35	55	64	81	104	113	92
6	49	64	78	87	103	121	120	101
7	72	92	95	98	112	100	103	99

4.6.2 DCT 域图像水印技术

1. 数字水印的概念

数字水印技术的定义有很多种，一般描述如下：

数字水印技术是一种有效的数字产品版权保护和数据安全维护技术，是信息隐藏技术研究领域的重要分支。它是将具有特定意义的标记(水印)，利用数字嵌入的方法隐藏在数字图像、声音、文档、图书、视频等数字产品中，用以证明创作者对其作品的所有权，并作为鉴定、起诉非法侵权的证据，同时通过对水印的监测和分析来保证数字信息的完整可靠性，从而成为知识产权保护和数字多媒体防伪的有效手段。

1) 数字水印的特点

数字水印技术基本上具有下面几个方面的特点：

（1）安全性（Security）：数字水印的信息应是安全的，难以篡改或伪造，同时应当有较低的误检测率。当原内容发生变化时，数字水印应当发生变化，从而可以检测原始数据的变更。当然，数字水印对重复添加同样有很强的抵抗性。

（2）隐蔽性（Invisibility）：数字水印应是不可知觉的，而且应不影响被保护数据的正常使用，同时不会降质。

（3）鲁棒性（Robustness）：该特性适用于鲁棒水印，是指在经历多种无意或有意的信号处理过程后，数字水印仍能保持部分完整性并能被准确鉴别。可能的信号处理过程包括信道噪声、滤波、数/模与模/数转换、重采样、剪切、位移、尺度变化以及有损压缩编码等。

（4）敏感性（Sensitivity）：该特性适用于脆弱水印，是经过分发、传输、使用过程后，数字水印能够准确地判断数据是否遭受篡改。进一步的，其可判断数据篡改位置、程度甚至恢复原始信息。

2）数字水印的分类

（1）按特性划分。

按水印的特性可以将数字水印分为鲁棒水印和脆弱水印两类。鲁棒水印（Robust Watermarking）主要用于在数字作品中标识著作权信息，利用这种水印技术在多媒体内容的数据中嵌入创建者、所有者的标示信息，或者嵌入购买者的标示（即序列号）。在发生版权纠纷时，创建者或所有者的信息用于标示数据的版权所有者，而序列号用于追踪违反协议而为盗版提供多媒体数据的用户。用于版权保护的数字水印要求有很强的鲁棒性和安全性，除了要求在一般图像处理（如滤波、加噪声、替换、压缩等）中生存外，还需能抵抗一些恶意攻击。

脆弱水印（Fragile Watermarking），与鲁棒水印的要求相反，主要用于完整性保护和认证，这种水印同样是在内容数据中嵌入不可见的信息。当内容发生改变时，这些水印信息会发生相应的改变，从而可以鉴定原始数据是否被篡改。根据脆弱水印的应用范围，脆弱水印又可分为选择性和非选择性脆弱水印。非选择性脆弱水印能够鉴别出比特位的任意变化，选择性脆弱水印能够根据应用范围选择对某些变化敏感性程度。例如，图像的选择性脆弱水印可以实现对同一幅图像的不同格式转换不敏感，而对图像内容本身的处理（如滤波、加噪声、替换、压缩等）又有较强的敏感性，即既允许一定程度的失真，又要能将特定的失真情况探测出来。

（2）按附载媒体划分。

按水印所附载的媒体，我们可以将数字水印划分为图像水印、音频水印、视频水印、文本水印以及用于三维网格模型的网格水印等。随着数字技术的发展，会有更多种类的数字媒体出现，同时也会产生相应的水印技术。

（3）按检测过程划分。

按水印的检测过程可以将数字水印划分为盲水印和非盲水印。非盲水印在检测过程中需要原始数据或者预留信息，而盲水印的检测不需要任何原始数据和辅助信息。一般来说，非盲水印的鲁棒性比较强，但其应用需要原始数据的辅助而受到限制。盲水印的实用性强，应用范围广。非盲水印中，新出现的半盲水印能够以少量的存储代价换来更低的误检率、漏检率，提高水印算法的性能。目前学术界研究的数字水印大多数是盲水印或者半盲水印。

（4）按内容划分。

按数字水印的内容可以将水印划分为有意义水印和无意义水印。有意义水印是指水印本身也是某个数字图像（如商标图像）或数字音频片段的编码；无意义水印则只对应于一个序列。有意义水印的优势在于，如果由于受到攻击或其他原因致使解码后的水印破损，人们仍然可以通过视觉观察确认是否有水印。但对于无意义水印来说，如果解码后的水印序列有若干码元错误，则只能通过统计决策来确定信号中是否含有水印。

（5）按用途划分。

不同的应用需求造就了不同的水印技术。按水印的用途，我们可以将数字水印划分为票证防伪水印、版权保护水印、篡改提示水印和隐蔽标识水印。

票证防伪水印是一类比较特殊的水印，主要用于打印票据和电子票据、各种证件的防伪。一方面，伪币的制造者不可能对票据图像进行过多的修改，所以诸如尺度变换等信号编辑操作是不用考虑的；另一方面，人们必须考虑票据破损、图案模糊等情形，而且考虑到快速检测的要求，用于票证防伪的数字水印算法不能太复杂。

版权保护水印是目前研究最多的一类数字水印。数字作品既是商品又是知识作品，这种双重性决定了版权保护水印主要强调隐蔽性和鲁棒性，而对数据量的要求相对较小。

篡改提示水印是一种脆弱水印，其目的是标识原文件信号的完整性和真实性。

隐蔽标识水印的目的是将保密数据的重要标注隐藏起来，限制非法用户对保密数据的使用。

（6）按隐藏位置划分。

按数字水印的隐藏位置，我们可以将其划分为时（空）域数字水印、频域数字水印、时/频域数字水印和时间/尺度域数字水印。

时（空）域数字水印是直接在信号空间上叠加水印信息，而频域数字水印、时/频域数字水印和时间/尺度域数字水印则分别是在 DCT 变换域、时/频变换域和小波变换域上隐藏水印。

随着数字水印技术的发展，各种水印算法层出不穷，水印的隐藏位置也不再局限于上述四种。应该说，只要构成一种信号变换，就有可能在其变换空间上隐藏水印。

（7）按透明性划分。

按数字水印是否透明的性质，可分为可见水印和不可见水印两种。可见水印就是人眼能看见的水印，比如照片上标记拍照的日期或者电视频道上的标识等。不可见水印就是人类视觉系统难以感知的水印，这也是当前数字水印领域关注比较多的方面。

2. DCT 域图像水印概述

离散余弦变换（DCT）域图像水印技术因具有较强的稳健性、与 JPEG 兼容而得到广泛研究。典型的 DCT 域算法是由 Cox 等人提出的一种基于 DCT 变换的扩频水印技术。她将满足正态分布的伪随机序列加入到图像的 DCT 变换后视觉最重要的系数中，利用了序列扩频技术（SS）和人类视觉特性（HVS）。算法原理为先选定视觉重要系数，再进行修改，常采用嵌入规则：

$$\overline{v_i} = v_i + \alpha w_i \text{（加法准则）}$$

$$\overline{v_i} = v_i(1 + \alpha w_i) \text{（乘法准则）}$$

式中，v_i，$\overline{v_i}$ 分别是修改前和修改后的频域系数；α 是缩放因子，w_i 是第 i 个信息位水印。

一般说来，乘法准则的抗失真性能要优于加法准则。水印的检测是通过计算相关函数实现的。从嵌入水印的图像提取 $\overline{w_i}$ 是嵌入规则的逆过程，把提取的水印与原水印作相似性运算，与预设的阈值比较，可确定是否存在水印。

4.7 基于 GA 的 DCT 域图像水印算法实例

4.7.1 水印设计

为了改变水印信号像素空间的相关性，可以使用图像置乱算法将其置乱。本文采用 Arnold 变换置乱水印图像。

设水印信号二值图像为 W，其大小为 $M_w \times N_w$，使用置乱函数和密钥 K_0，经置乱后得到水印图像为 W_p，即

$$W_p = P(W, K_0)$$

式中，P 为置乱函数，采用 Arnold 变换。最后将 W_p 作为嵌入信号，嵌入到所选择的 DCT 频带。

假设水印图像为 $S_{MN} = [0,1]_M \times [0,1]_N$，为简单起见，常令 $M = N$，$(x, y) \in S$。则 Arnold 变换如下：

$$\begin{pmatrix} \overline{x} \\ \overline{y} \end{pmatrix} = \begin{pmatrix} 1 & 1 \\ 1 & 2 \end{pmatrix} \begin{pmatrix} x \\ y \end{pmatrix} (\mathrm{mod}\, 2)$$

上式为二维置乱。考虑到数字图像的大小，将上式改为

$$\begin{pmatrix} \overline{x} \\ \overline{y} \end{pmatrix} = \begin{pmatrix} 1 & 1 \\ 1 & 2 \end{pmatrix} \begin{pmatrix} x \\ y \end{pmatrix} (\bmod N)$$

式中，$x, y \in (0,1,2,\cdots,N\text{-}1)$，表示图像矩阵中某像素点的坐标，而 N 是图像矩阵的阶数。并由此做迭代程序，令 $A = \begin{pmatrix} 1 & 1 \\ 1 & 2 \end{pmatrix}$，右端 (x, y) 为输入，左端 $(\overline{x}, \overline{y})$ 为输出，则第 $n+1$ 次变换由下式实现：

$$P_{ij}^{n+1} = A P_{ij}^{n} (\bmod N)，\quad n = 0,1,2,\cdots,N\text{-}1$$

通过像素坐标的改变，同时把图像信息移植，使得图像模糊，无法辨认。但通过一定次数的变换后，就会出现与原图相同的一幅图像。也就是说 Arnold 变换具有周期性。

数字水印技术正是利用了 Arnold 变换可以置乱图像和具有周期性的特点。先将数字水印图像进行 t 次 Arnold 变换，再使用各种嵌入算法将其嵌入到数字产品中。当数字产品经受各种处理后提取图像信号，对该信号再进行 $n-t$（n 为 Arnold 变换周期）次 Arnold 变换可以得到提取的数字水印图像。

4.7.2　DCT 分块

设载体图像 I 为灰度图像，其大小为 $M \times N$。在嵌入水印之前，将原始图像分割成为互不覆盖的若干 8×8 子块，记为 I_k，$k = 0,1,2,\cdots,K-1$，$K = M \times N / 8 \times 8$。对图像块 I_k 进行 DCT 变换，得到 Y_k，即

$$Y_k = \mathrm{DCT}(I_k), k = 0,1,2,\cdots,K-1$$

原图像 I 经过上述处理后得到 DCT 系数集 Y，即

$$Y = \bigcup_{k=0}^{k=K-1} Y_k$$

对每一个 DCT 系数块 Y_k，就有 64 个系数，则对 Y 而言就有 64 个频带。为了便于 GA 算法搜索频带，我们对 64 个频带进行排序。我们可以使

用 zigzag 顺序扫描每一块的 64 个系数。扫描顺序如图 4-1 所示。

$Y_k(0)$	$Y_k(1)$	$Y_k(5)$	$Y_k(6)$	$Y_k(14)$	$Y_k(15)$	$Y_k(27)$	$Y_k(28)$
$Y_k(2)$	$Y_k(4)$	$Y_k(7)$	$Y_k(13)$	$Y_k(16)$	$Y_k(26)$	$Y_k(29)$	$Y_k(42)$
$Y_k(3)$	$Y_k(8)$	$Y_k(12)$	$Y_k(17)$	$Y_k(25)$	$Y_k(30)$	$Y_k(41)$	$Y_k(43)$
$Y_k(9)$	$Y_k(11)$	$Y_k(18)$	$Y_k(24)$	$Y_k(31)$	$Y_k(40)$	$Y_k(44)$	$Y_k(53)$
$Y_k(10)$	$Y_k(19)$	$Y_k(23)$	$Y_k(32)$	$Y_k(39)$	$Y_k(45)$	$Y_k(52)$	$Y_k(54)$
$Y_k(20)$	$Y_k(22)$	$Y_k(33)$	$Y_k(38)$	$Y_k(46)$	$Y_k(51)$	$Y_k(55)$	$Y_k(60)$
$Y_k(21)$	$Y_k(34)$	$Y_k(37)$	$Y_k(47)$	$Y_k(50)$	$Y_k(56)$	$Y_k(59)$	$Y_k(61)$
$Y_k(35)$	$Y_k(36)$	$Y_k(48)$	$Y_k(49)$	$Y_k(57)$	$Y_k(58)$	$Y_k(62)$	$Y_k(63)$

图 4-1　扫描顺序图

4.7.3　频带选择

为了嵌入水印，首先要建立一个系数集 H，H 中的系数构成要考虑到水印的不可见性和鲁棒性。从每一个 DCT 系数块的 63 个 AC 系数中随机地选择 N_h 个系数组成集合 H，即

$$H = \bigcup_{k=0}^{K-1} \{H_k(j) = Y_k(i)\}, i = 1, 2, \cdots, 63, j = 0, 1, \cdots, N_h$$

式中，$N_h = 64 \times M_w \times N_w / M \times (N-1)$。

例如，一个随机选择的频带在图中用彩色表示的 4 个频带，即在 ZIGZAG 扫描顺序的编号为 14、24、33、61 的 4 个系数构成了 4 个频带，即 {$Y_k(14)$，$Y_k(24)$，$Y_k(33)$，$Y_k(61)$}。但是，随机选择的频带容易损坏图像的品质，而且鲁棒性较低。因而，我们使用 GA 算法来构造一个优化的系数集 H，通过 GA 对每一代进行进化，可以寻找到一个有较好的不可见性和鲁棒性的频带。

4.7.4　水印嵌入

将置乱后的水印信号 W_p 按列序排成一个序列，即

$$W_p = \{W_p(i)\}, i = 1, 2, \cdots, M_W \times N_W$$

然后嵌入水印：

$$\begin{cases} H'(i) = H(i) + a, \ \text{如果} W_p(i) = 1, i = 1, 2, \cdots, M_W \times N_W; \\ H'(i) = H(i) - a, \ \text{其他} \end{cases}$$

式中，a 为嵌入强度。$H' = \{H'(i)\}$ 为嵌入了水印的系数集。将 H' 的每个系数对应替换 K 个 DCT 系数块 Y_k 对应系数的值得到嵌入了水印的 K 个 DCT 系数块 Y'_k。对每个系数块 Y'_k 进行逆 DCT 变换，得到了嵌入水印的图像 I'，即

$$I' = \bigcup_{k=0}^{K-1} \text{IDCT}(Y'_k)$$

4.7.5　水印提取

设嵌入了水印的图像 I' 经过攻击后的图像为 I''。对原始图像 I 和受攻击嵌入了水印的图像 I'' 分别进行分块 DCT 变换，根据 GA 算法得到的优化频带，分别得到对应的系数集 H 和 H''，然后得到提取序列：

$$\begin{cases} W'_p(i) = 0, \ \text{如果} H''(i) < H(i); \\ W'_p(i) = 1, \ \text{其他} \end{cases}$$

将序列 $\{W'_p(i)\}, i = 1, 2, \cdots, M_W \times N_W$ 还原为矩阵 W'_p，对 W'_p 进行反置乱变换得到提取的水印 W'。

4.7.6　GA 的实现

1. 染色体编码

记 $n = 64 \times M_W \times N_W / (M \times N)$ 为决策变量总个数。x_i 表示决策变量，这里 x_i 取值为整数，$1 \leqslant x_i \leqslant 63, i = 1, 2, \cdots, n$，代表的含义是选取的频带系数在 Y_k 中 ZIGZAG 扫描的顺序编号。$0 < x_i < 2^6$，每一个决策变量可用 6 位二进制符号串 X_i 表示。则个体 X 就由 n 个决策变量 x_i 对应的 n 个二进制符号串

X_i 组合而成，即 $X = X_1 X_2 \cdots X_n$。则染色体的长度为 $6n$，例如上个频带对应的 14、24、33、56 就是决策变量，该个体的染色体长度为 24，它们构成的个体编码为 $X = 001110011000100001111000$。

2. 染色体解码

将个体编码 $X = X_1 X_2 \cdots X_n$ 分成 n 等份，将每一份二进制串转换为一个十进制整数。

3. 个体适应度评价

个体适应度依赖于适应度函数值。本文以下式作为适应度评价函数：

$$f_c = PSNR_c + \delta_c \sum_{h=1}^{n} NC_{c,h}$$

式中，$PSNR_c$ 代表第 c 代的峰值性噪比；$NC_{c,h}$ 代表第 c 代的第 h 类攻击方式的归一化相关值；δ_c 是一个加权因子；f_c 是第 c 代的个体适应度值。在这里，$PSNR_c$ 度量了不可见性，$NC_{c,h}$ 度量了鲁棒性，加权因子 δ_c 平衡了 $PSNR$ 为大于 1 的数与 $NC_{c,h}$ 为小数的数量关系，它的取值体现了在个体适应度评价中不可见性与鲁棒性的平衡关系。

4. 遗传算子

选择运算使用比例选择算子。选择算子的执行过程如下：先计算出群体中所有个体的适应度总和，其次计算出每个个体的相对适应度，它即为各个个体被遗传到下一代群体中的概率；最后使用模拟赌盘操作（即 0 到 1 之间的随机数）来确定各个个体被选中的次数。

交叉运算使用单点交叉算子。单点交叉算子的执行过程如下：先对群体中的个体进行两两随机配对，其次在每一对相互配对的个体随机设置某一基因座之后的位置为交叉点，最后对每一相互配对的个体，依设定的交叉概率，在其交叉点处相互交换两个个体的部分染色体，从而产生出两个新的个体。

两组决策变量 14，24，33，56 和 29，31，42，51 分别构成两个染色体：

$X_1 = 001110011000100001111000$ 与 $X_2 = 011101011111101010110011$。

将两个染色体的最后两位交换得到两个新的染色体：

$X_1' = 001110011000100001110011$ 与 $X_2' = 011101011111101010110000$。

解码为 14，24，33，51 和 29，31，42，48。

变异运算使用基本位变异算子。基本位变异算子的执行过程如下：先对个体的每一个基因座，依变异概率 p_m 指定其为变异点，然后对每一个指定的变异点，对其基因值做取反运算，即'0'变'1'，'1'变'0'，从而产生出一个新的个体。

4.7.7　基于 GA 的 DCT 域水印系统实现框图

图 4-2 描述了基于 GA 的 DCT 域水印系统实现框图。I 为原始载体图像，I' 为得到优化频带后嵌入了水印的载体图像，I_c 为第 c 代嵌入了水印的载体图像。攻击 1、攻击 2 和攻击 3 可以选择压缩、滤波处理、噪声、裁剪等常用的图像处理技术，对 I_c 采用 3 种攻击后得到 $I_{c,1}'$、$I_{c,2}'$ 和 $I_{c,3}'$，分别对它们提取水印得到 3 个水印图像 $W_{c,1}'$、$W_{c,2}'$ 和 $W_{c,3}'$，使它们与原始水印求归一化相关得到 3 个相关值 $NC_{c,1}$、$NC_{c,2}$ 和 $NC_{c,3}$。$PSNR_c$ 为 I_c 和 I 的峰值性噪比。

基于 GA 的 DCT 域水印系统的基本计算过程如图 4-2 所示。首先随机地产生第一代个体，进行判断，只要不是最后一代，进入第 c 代的处理。如果是最后一代，将水印嵌入到寻找到的优化频带中，得到优化的嵌入了水印的载体图像。在第 c 代的处理中，要计算 $PSNR_c$ 并经受 3 种攻击并计算 3 个相关值 $NC_{c,1}$、$NC_{c,2}$ 和 $NC_{c,3}$。将这 4 个数值代入式中得到第 c 代的所有个体的适应度值，然后进行 GA 的 3 种遗传算子的计算进化出第 $c+1$ 代的所有个体。如此往复就完成进化得到优化的频带。

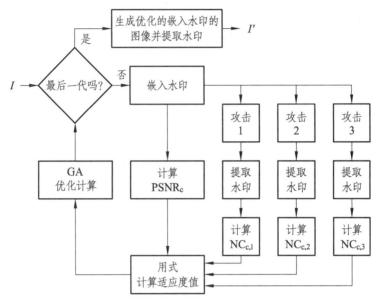

图 4-2　基于 GA 的 DCT 域水印系统实现框图

4.7.8　仿真实验与攻击测试

在本章的仿真实验中，使用 Matlab2012a 作为仿真测试软件，以测试图像 Lenna 为载体图像，其大小为 256×256，使用标有"西南交大"字样的二值图像为水印图像，其大小为 64×64，如图 4-3 所示。

图 4-3　测试与水印图像

1. 水印图像置乱实验

置乱技术通过置乱来分散错误比特的分布，提高数字水印的视觉效果来增强数字水印的鲁棒性。图 4-4 演示了对水印图像进行 Arnold 变换的结果。

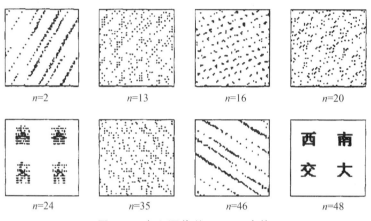

图 4-4　水印图像的 Arnold 变换

水印图像对应矩阵的阶数位 64，n 代表迭代的次数。实验结果知道 Arnold 变换能很好地将图像进行置乱，具有斜纹效应，而且具有周期性，在 $n=48$ 时就恢复出了与原图一模一样的图像。

2. 用 GA 算法寻找优化频带嵌入与提取水印实验

在实验中，我们将载体图像划分为若干互不重叠的大小为 8×8 的图像块，那么每块可以嵌入的水印位数为 $64^2/512^2 \times 64 = 4$ 位。随机选取 4 个系数作为初始级构成 4 个频带，例如：$H = \{Y_k(14), Y_k(24), Y_k(33), Y_k(61)\}$，$k = 0, 1, \cdots, K-1$，对每块进行 DCT 变换，将水印嵌入到频带上。最后对每块进行逆 DCT 变换得到嵌入了水印的载体图像。我们选择了低通滤波、噪声攻击（10%的椒盐噪声）和 JPEG 压缩攻击（压缩品质为 80%）。

在 GA 进化过程中，每一代选择 10 个个体，终止代数为 200，交叉概率为 0.5，变异概率选取为 0.08。为了检验算法的有效性和可行性，应进行多次实验来验证结果。

实验一：在该实验中设置嵌入强度 a=10，加权因子 δ_1，δ_2，δ_3 取相同值，均设为 15。将水印图像嵌入到载体图像进化 200 代以后得到实验结果，如表 4-2 所示。由表 4-2 可知，进化到 50 代后取得最优解。经过对比分析，经过进化得到的全局最优频带嵌入水印后得到的 $PSNR$ 值有所提高，在三种攻击后得到的 NC 值也有提高。实验表明，寻找到的最优频带对嵌入水印的鲁棒性和不可见性均有提高。

表 4-2　GA 进化中 $PSNR$ 值和 NC 值的变化情况（a=10，δ=15）

进化代数	$PSNR$（dB）	$NC1$（低通滤波）	$NC2$（JPEG 压缩）	$NC3$（椒盐噪声）
0	39.329	0.744 2	0.873 1	0.872 3
50	39.566	0.867 4	1	0.855 6
100	39.566	0.867 4	1	0.850 8
150	39.566	0.867 4	1	0.837 5
200	39.566	0.867 4	1	0.842 7

实验二：提高加权因子的值，即将所有 δ 的值设为 30。实验结果如表 4-3 所示，在进化到 150 代的时候选到最优频带。从实验结果来看，随着 δ 值的增加，$PSNR$ 的值有些下降，但 NC 值有些提升。图 4-5 与图 4-6 所示为第 0 代和第 200 代在三种攻击下提取的水印效果。

表 4-3　δ=30 时的情况

进化代数	$PSNR$（dB）	$NC1$（低通滤波）	$NC2$（JPEG 压缩）	$NC3$（椒盐噪声）
0	39.329	0.744 2	0.873 1	0.872 3
50	39.566	0.867 4	1	0.847 4
100	39.332	0.879 9	1	0.862 9
150	39.025	0.882 8	1	0.846 9
200	39.025	0.882 8	1	0.857 9

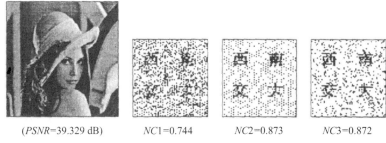

$(PSNR=39.329\ dB)$　　　$NC1=0.744$　　　$NC2=0.873$　　　$NC3=0.872$

图 4-5　第 0 代嵌入水印后的载体图像和三种攻击下提取的水印

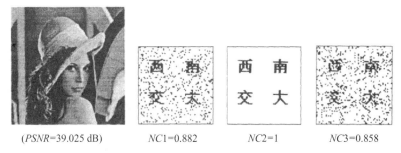

$(PSNR=39.025\ dB)$　　　$NC1=0.882$　　　$NC2=1$　　　$NC3=0.858$

图 4-6　第 200 代嵌入水印后的载体图像和三种攻击下提取的水印

3. 实验结论

通过上述 2 个实验，我们可以认为本算法能较好地嵌入与提取水印，对各种常见的图像处理攻击（滤波、压缩、添加噪声、剪切等）具有较好的抵抗作用，通过 GA 训练能够寻找到优化频带，使其在不可见性和鲁棒性之间有很好的平衡。从几个实验结果可以看出，大部分频带集中在中频，高频和中频带的组合具有最好的实验效果。以前很多的算法都采取要么选取低频，要么选取中频的嵌入策略，本算法可以认为采用自适应策略选取优化频带嵌入水印是一个很好的方法。从图像置乱实验和剪切实验可以知道，图像置乱分散了错误比特的分布，嵌入了水印的载体图像即使遭到损失或丢失剪切，嵌入的数字水印也会遭到丢失，使用户通过变换恢复水印图像的过程中，就同样地把遭到损坏的错误比特分散开来，从而减少其对人视觉的影响，相应地提高了数字水印的鲁棒性。

4.8　小　结

本章主要介绍了遗传算法原理及其实现算法，同时介绍了遗传算法的选择、杂交、变异和删除算子。在基本遗传算法基础上进行优化，将遗传算法用于图像处理、数字水印技术中来优选特征向量，从而在图像嵌入中进行水印实验，实验结果表明智能优化算法能够提高数字水印的鲁棒性。

4.9　参考文献

[1] 杨兴江. 静态图像水印算法研究[D]. 成都：西南交通大学，2005.

[2] COX I J, MILLER M L. The first 50 years of electronic watermarking[J]. Eurasip J. of Applied Signal Processing, 2002, 2: 126-132.

[3] 邹建成，铁小匀. 数字图像的二维变换及其周期性[J]. 北方工业大学学报，2000，12（1）：10-13.

[4] 陈明奇，钮心忻，杨义先. 数字水印的攻击方法[J]. 电子与信息学报，2001，23（7）：705-710.

[5] 王慧琴，李人厚. 一种基于 DWT 的彩色图像数字水印算法[J]. 小型微型计算机系统，2003，24（2）：299-302.

[6] 周明，孙树栋. 遗传算法原理及应用[M]. 北京：国防工业出版社，1999.

[7] 杨兴江. 数字水印研究综述[J]. 阿坝师范高等专科学校学报，2004，21（4）：95-98.

[8] 黄继武，姚若河. 基于块分类的自适应图像水印算法[J]. 中国图象图形学报，1999，4（A）（8）：640-643.

第 5 章

灰色系统在医学图像处理中的应用

5.1 灰色系统的产生

如果一个系统具有层次、结构关系的模糊性，动态变化的随机性，指标数据的不完备或不确定性，则称这些特性为灰色性。具有灰色性的系统称为灰色系统。对灰色系统建立的预测模型称为灰色模型（Grey Model），简称 GM 模型，它揭示了系统内部事物连续发展变化的过程。

灰色系统理论是中国学者邓聚龙教授1982年3月在国际上首先提出来的。灰色系统理论的形成是有过程的。早年邓教授从事控制理论和模糊系统的研究，取得了许多成果。后来，他接受了全国粮食预测的课题，为了搞好预测工作，他研究了概率统计、时间序列等常用方法，发现概率统计追求大样本量，必须先知道分布规律、发展趋势，而时间序列只致力于数据的拟合，不注重规律的发现。于是他用少量数据进行了微分方程建模的研究。将历史数据做了各种处理，找到累加生成，发现累加生成曲线是近似的指数增长曲线，而指数增长正符合微分方程的形式。在此基础上，进一步研究了离散函数光滑性、微分方程背景值、平射性等一些基本问题，同时考察了有限与无限的相对性，定义了指标集拓扑空间的灰倒数，最后解决了微分方程的建模问题。从所建模型中，发现单数列微分模型有较好的拟合和外推特性，所需的最少数据只要 4 个，适合于预测。经过多个领域的使用验证了模型的预测精度，且使用简便，既可用于软科学，如社会、经济等方面，又可用于硬科学，如工业过程的预测控制。多数列的微分模型，揭示了系统各因素间的动态关联性，是建立系统综合动态模型的基本方法。以单数列的微分方程 GM(1, 1) 为基础，得到了各类灰色预测方法，将 GM(1, 1) 渗透到局势决策与经典的运筹学的规划中，建立了灰色决策，将已经建立的关联度、关联空间包括在内，这样便形成了以系统分析、信息处理（生成）、建模、预测、决策、控制为主要内容的灰色系统理论。

5.2　灰色系统理论的基本概念

5.2.1　基本定义

定义 5.1　信息完全明白的系统称为白色系统。

定义 5.2　信息未知的系统称为黑色系统。

定义 5.3　部分信息明确、部分不明确的系统称为灰色系统。

5.2.2　基本原理

差异信息原理："差异"是信息，凡信息都有差异。

解的非唯一性原理：信息不完全，不确定的解是非唯一的。

最少信息原理：灰色系统理论的特点是充分开发利用已占有的"最少信息"。

认知根据原理：信息是认知的根据。

新信息优先原理：新信息对认知的作用大于老信息。

灰性不灭原理：信息不完全是绝对的。

5.2.3　主要内容

灰色系统经过 30 多年的发展，现在已基本建立起一门新兴学科的结构体系。其主要包括灰色代数系统、灰色方程、灰色矩阵等内容为基础的理论体系，灰色序列生成的方法体系，灰色关联分析的分析体系，灰色模型为核心的模型体系，以系统分析、评估、建模、预测、决策、控制、优化为主体的技术体系或应用体系。

5.2.4　灰　数

灰数是灰色系统理论的基本"单元"或"细胞"。我们把只知道大概范围而不知道其确切值的数称为灰数。在实际应用中，灰数指在某一个区间或某一个一般数集内取值不确定的数。通常用符号"⊗"表示灰数。灰数分为以下几类：

（1）仅有下界的灰数。记为 $\otimes \in [a, \infty)$，其中 a 是灰数 $\otimes$ 的下确界，$[a, \infty)$ 为灰数 $\otimes$ 的取数域，简称灰域。

（2）仅有上界的灰数。记为 $\otimes \in (\infty, b]$，其中 b 是灰数 $\otimes$ 的上确界。

（3）区间灰数。记为 $\otimes \in [a, b]$，其中 a 是灰数 $\otimes$ 的下确界，b 是灰数 $\otimes$ 的上确界。

（4）连续灰数与离散灰数。

（5）黑数与白数。当 $\otimes \in (-\infty, +\infty)$，称 $\otimes$ 为黑数，当 $\otimes \in [a, b]$ 且 $a = b$ 时，称 $\otimes$ 为白数。

（6）本征灰数与非本征灰数。本征灰数是指不能或暂时找不到一个白数作为"代表"的灰数。比如，宇宙的总能量。非本征灰数是指凭先验信息或某种手段，可以找到一个白数作为其代表的灰数。

5.3　灰色关联分析

灰色系统理论认为任何随机都是在一定幅值范围和一定时区内变化的灰色量，并把随机过程看成灰色过程。灰色系统理论是通过对原始数据的挖掘、整理来寻找其变化规律，我们称为灰色序列生成。一切灰色序列都可通过某种生成弱化其随机性，显现其规律性。

灰色关联分析的基本思想是根据序列曲线几何形状的相似程度来判断其联系是否紧密。曲线越接近，相应序列之间关联度就越大，反之就越小。

5.3.1　灰色关联因素和关联算子

定义 5.4　（初始化算子）

设 $X_i = (x_{i1}, x_{i2}, \cdots, x_{in})$ 为因素 x_i 的行为序列， D_1 为序列算子，且

$$X_i D_1 = (x_{i1d1}, x_{i2d1}, \cdots, x_{ind1})$$

式中， $x_{ikd1} = \dfrac{x_{ik}}{x_{i1}}$ ， $x_{i1} \neq 0$ ， $k = 1, 2, \cdots, n$ ，则称 D_1 为初始化算子。

定义 5.5（均值化算子）

设 $X_i = (x_{i1}, x_{i2}, \cdots, x_{in})$ 为因素 x_i 的行为序列， D_2 为序列算子，且

$$X_i D_2 = (x_{i1d2}, x_{i2d2}, \cdots, x_{ind2})$$

式中， $x_{ikd2} = \dfrac{x_{ik}}{\dfrac{1}{n}\sum\limits_{k=1}^{n} x_{ik}}$ ， $k = 1, 2, \cdots, n$ ，则称 D_2 为均值化算子。

定义 5.6（区间化算子）

设 $X_i = (x_{i1}, x_{i2}, \cdots, x_{in})$ 为因素 x_i 的行为序列， D_3 为序列算子，且

$$X_i D_3 = (x_{i1d3}, x_{i2d3}, \cdots, x_{ind3})$$

式中， $x_{ikd3} = \dfrac{x_{ik} - \min\limits_{k} x_{ik}}{\max\limits_{k} x_{ik} - \min\limits_{k} x_{ik}}$ ， $k = 1, 2, \cdots, n$ ，则称 D_3 为均值化算子。

定义 5.7（逆化算子）

设 $X_i = (x_{i1}, x_{i2}, \cdots, x_{in})$ 为因素 x_i 的行为序列， D_4 为序列算子，且

$$X_i D_4 = (x_{i1d4}, x_{i2d4}, \cdots, x_{ind4})$$

式中， $x_{ikd4} = 1 - x_{ik}$ ， $k = 1, 2, \cdots, n$ ，则称 D_4 为逆化算子。

定义 5.8（倒数化算子）

设 $X_i = (x_{i1}, x_{i2}, \cdots, x_{in})$ 为因素 x_i 的行为序列， D_5 为序列算子，且

$$X_i D_5 = (x_{i1d5}, x_{i2d5}, \cdots, x_{ind5})$$

式中， $x_{ikd5} = \dfrac{1}{x_{ik}}$ ， $x_{ik} \neq 0$ ， $k = 1, 2, \cdots, n$ ，则称 D_5 为逆化算子。

定义 5.9 称 $D = \{D_i \mid i = 1, 2, 3, 4, 5\}$ 为灰色关联算子集。

定义 5.10 称 X 为系统因素集合，D 为灰色关联算子集，称 (X, D) 为灰色关联因子空间。

5.3.2 灰色关联公理和灰色关联度

定义 5.11（灰色关联公理）

设 $X_0 = (x_{01}, x_{02}, \cdots, x_{0n})$ 为系统特征序列，且

$$X_1 = (x_{11}, x_{12}, \cdots, x_{1n})$$

$$X_2 = (x_{21}, x_{22}, \cdots, x_{2n})$$

$$\cdots$$

$$X_m = (x_{m1}, x_{m2}, \cdots, x_{mn})$$

为相关因素序列，给定实数 $r(x_{0k}, x_{ik})$，若实数 $r(X_0, X_i) = \dfrac{1}{n} \sum\limits_{k=1}^{n} r(x_{0k}, x_{ik})$

满足：

（1）规范性：$0 < r(X_0, X_i) \leqslant 1$，当 $X_0 = X_i$，$r(X_0, X_i) = 1$；

（2）整体性：对于 $\forall X_i, \forall X_j$，有 $r(X_i, X_j) \neq r(X_j, X_i), i \neq j$；

（3）偶对称性：对于 $\forall X_i, \forall X_j$，有 $r(X_i, X_j) = r(X_j, X_i), X = \{X_i, X_j\}$；

（4）接近性：$|x_{0k} - x_{ik}|$ 越小，$r(x_{0k}, x_{ik})$ 越大；

称条件（1）（2）（3）（4）为灰色关联公理。

定义 5.12（灰色关联度）

设系统行为序列

$$X_0 = (x_{01}, x_{02}, \cdots, x_{0n})$$

$$X_1 = (x_{11}, x_{12}, \cdots, x_{1n})$$

$$X_2 = (x_{21}, x_{22}, \cdots, x_{2n})$$

$$\cdots$$

$$X_m = (x_{m1}, x_{m2}, \cdots, x_{mn})$$

对于 $\xi \in (0, 1)$，令

$$r(x_{0k}, x_{ik}) = \frac{\min\limits_{i} \min\limits_{k} |x_{0k} - x_{ik}| + \xi \max\limits_{i} \max\limits_{k} |x_{0k} - x_{ik}|}{|x_{0k} - x_{ik}| + \xi \max\limits_{i} \max\limits_{k} |x_{0k} - x_{ik}|}$$

记 $r(x_{0k}, x_{ik})$ 为 r_{0ik}，$r(X_0, X_i) = \dfrac{1}{n}\sum\limits_{k=1}^{n} r(x_{0k}, x_{ik}) = \dfrac{1}{n}\sum\limits_{k=1}^{n} r_{0ik}$，且 $r(X_0, X_i)$ 满足灰色关联公理，其中 ξ 称为分辨系数。$r(X_0, X_i)$ 称为 X_0, X_i 的灰色关联度，记为 r_{0i}。

算法 5.1：灰色关联度计算算法。

输入参数

1. 构建行为序列矩阵 $\boldsymbol{X}$

$\boldsymbol{X} = (\boldsymbol{X}_0^{\mathrm{T}}, \boldsymbol{X}_1^{\mathrm{T}}, \cdots, \boldsymbol{X}_n^{\mathrm{T}})$

2. 确定参考序列 X_0

根据评价目标选择参考序列 X_0。

3. 无量纲化处理

无量纲化处理常采用均值化算子 $X' = XD_2$、初始化算子 $X' = XD_1$ 进行。

4. 逐项求差

逐个计算每个被评价对象指标序列与参考序列对应元素的绝对差值：

$\Delta x_{ik} = x'_{0k} - x'_{ik}$。

5. 计算关联系数

逐个计算每个被评价对象指标序列与参考序列对应元素的关联系数。

令 $m = \min\limits_{i} \min\limits_{k} \Delta x'_{ik}$，$M = \max\limits_{i} \max\limits_{k} \Delta x_{ik}$，则

$$r'_{0ik} = \frac{m + \xi M}{\Delta x'_{ik} + \xi M}$$

6. 计算关联度

$$r(X_0, X_i) = \frac{1}{n}\sum\limits_{k=1}^{n} r'_{0ik}$$

输出评价结果。

5.4 基于灰色系统理论的各向异性扩散图像去噪方法

图像去噪是图像处理的重要研究内容，基于偏微分方程（Partial Differential Equation，PDE）的非线性扩散去噪方法得到了广泛研究。该方法的成功之处在于将各向异性扩散和迭代平滑的概念引入到图像处理中。其基本思想是求解初始值为原始图像的各向异性扩散方程，该观点由 Perona 和 Malik 于 1990 年提出（简称 P-M 扩散模型），优点在于它可以在去除噪声的同时，能对图像边缘进行较好保护，由此引发了基于各向异性扩散图像去噪处理的研究热潮。但是，P-M 模型也存在一些不足，如不能很好保留细节纹理与弱边缘。为了克服这些缺陷，近年来研究者提出了很多改进模型。针对 P-M 模型不能很好保留图像细节和纹理的问题，文献[7]提出了结合灰度方差与梯度的模型，文献[8]提出了结合局部熵的各向异性扩散模型，尽管这些改进能够更好地保留图像细节与边缘，但对于弱边缘的保持仍然不够，对某些图像去噪后，依然存在较明显的斑点效应。

近年来，邓聚龙教授提出的灰色系统理论是一种研究少数据、贫信息不确定性问题的新方法。国内有不少学者对灰色系统在图像处理上有了一定研究，如图像压缩、噪点去除和边界检测等，取得了良好的效果。利用灰色系统能很好地区分边缘和噪声的优势，这里提出了融合灰色关联度的各向异性扩散图像去噪方法。该方法不仅能够在去噪方面取得良好效果，同时能够保留图像弱边界和弱细节，也有效减少了部分图像的斑点效应。

5.4.1 各向异性扩散去噪方法模型

Perona 和 Malik 在热传导方程基础上提出的各向异性扩散模型广泛用于图像处理，在图像去噪和边缘提取等方面有良好的性能，优点在于去噪时能有效保护图像边缘。设图像 $u(x,y,t)$ 随时间 t 的演化规则如下：

$$\begin{cases} \dfrac{\partial u(x,y,t)}{\partial t} = \text{div}[u(x,y,t)]\nabla u \\ u\big|_{t=0} = u_0 \end{cases} \qquad (5\text{-}1)$$

式中，$u_0(x, y)$ 为初始条件；∇ 为梯度算子；div 是散度算子；$u(x, y, t)$ 表示扩散系数，取 $u(x, y, t) = g(|\nabla u|)$，这样式（5-1）变为

$$\begin{cases} \dfrac{\partial u(x, y, t)}{\partial t} = \text{div}[g(|\nabla u|)]\nabla u \\ u|_{t=0} = u_0 \end{cases} \qquad （5\text{-}2）$$

式中，$g(|\nabla|)$ 称为扩散系数函数，它是梯度幅值的减函数，即梯度幅值大的地方，扩散系数小，或反之。该函数的效果是控制平滑程度，平滑区域向前扩散有利于消除噪声，边缘区域向后扩散有利于锐化。

$g(q)$ 的表示形式有两种：

$$g(q) = \dfrac{1}{1 + (q/k)^2} \qquad （5\text{-}3）$$

$$g(q) = \exp\left[-\left(\dfrac{q}{k}\right)^2\right] \qquad （5\text{-}4）$$

式中，q 为梯度阈值。

5.4.2 融合灰色关联度的各向异性扩散图像去噪方法

1. 灰色关联度计算

灰色系统理论是由邓聚龙教授提出的一种研究少数据、贫信息不确定性问题的新方法。近年来，许多国内外学者将图像的边缘检测问题归属为贫信息的不确定系统，把灰色系统关联分析方法应用于图像边缘检测，取得了一定的研究成果。灰色绝对关联分析指出两时间序列曲线变化的接近程度，即两时间序列在对应时间段上曲线的斜率接近程度。如果两曲线在各时间段上的斜率相等或相差很小，则二者关联度较大，反之，关联度较小。灰色关联度的计算过程如下：

设序列 $x_0 = \{x_0(s), s = 1, 2, \cdots, n\}$ 为系统特征参考序列，$x = \{x_i(s), s = 1, 2, \cdots, n, i = 1, 2, \cdots, m\}$ 为比较序列，序列 x_0 与 x_i 的绝对关联度定义为

$$R(x_0, x_i) = \frac{1}{n-1}\sum_{k=1}^{n-1} r(x_0(k), x_i(k)) \tag{5-5}$$

式中，$r(x_0(k), x_i(k))$ 为序列 x_0 与 x_i 的第 k 个元素之间的关联系数，其定义为

$$r(x_0(k), x_i(k)) = \frac{1}{1 + |(x_0(k+1) - x_0(k)) - (x_i(k+1) - x_i(k))|} \tag{5-6}$$

2. 灰色关联度共生图像

以图像中每一点为中心的邻域点序列的一些排列作为比较序列，把含等值元素序列作为参考序列，本文取 {1, 1, 1, 1, 1, 1, 1, 1, 1} 为参考序列，计算灰色关联度，选取最小的灰色关联度作为该点的灰色关联度值。由此可以得到元素值在[0, 1]之间的灰色关联度阵列。把它看成一幅灰度图像，就构成了与图像相对应的灰色关联度共生图像。因此，为保持边缘和细节，在去噪时考虑图像每像素点关联度对各向异性平滑的影响来提高性能。

3. 灰色关联度各向异性扩散模型

为保持细节和边缘信息，必须考虑每个点附近的灰度变化。为此，本文定义扩散系数函数如下：

$$g(|\nabla u(x,y)|, H(x,y)) = \frac{1}{1 + \left(\dfrac{|\nabla u(x,y)| H(x,y)}{K}\right)^2} \tag{5-7}$$

式中，$|\nabla u(x,y)|$ 是图像在 (x,y) 处的梯度模；$H(x,y)$ 是灰色关联度共生图像在 (x,y) 的值；K 是一个预定常数，经过试验 $K \in [20, 60]$。将该扩散系数函数带入式（5-2），就得到本文的模型：

$$\begin{cases} \dfrac{\partial u(x,y,t)}{\partial t} = \mathrm{div}[g(|\nabla u(x,y)|, H(x,y))\nabla u] \\ u|_{t=0} = u_0 \end{cases} \tag{5-8}$$

本文采用 8-方向离散化，得到如下的迭代格式：

$$u^{t+1}(x,y) = u^t(x,y) + \lambda \sum_i^8 \left| g\left(\left| \nabla u_i^t(x,y) \right|, H(x,y) \nabla (u_i^t(x,y) \right| \right. \quad （5-9）$$

$$\nabla u_2^t(x,y) = u^t(x,y+1) - u^t(x,y)$$

$$\nabla u_3^t(x,y) = u^t(x-1,y) - u^t(x,y)$$

$$\nabla u_4^t(x,y) = u^t(x,y-1) - u^t(x,y)$$

$$\nabla u_5^t(x,y) = \frac{u^t(x+1,y+1) - u^t(x,y)}{\sqrt{2}}$$

$$\nabla u_6^t(x,y) = \frac{u^t(x-1,y+1) - u^t(x,y)}{\sqrt{2}}$$

$$\nabla u_7^t(x,y) = \frac{u^t(x+1,y-1) - u^t(x,y)}{\sqrt{2}}$$

$$\nabla u_8^t(x,y) = \frac{u^t(x-1,y-1) - u^t(x,y)}{\sqrt{2}}$$

4．算法步骤

第一步：计算关联度共生图像。

运用灰色关联分析提取图像边缘的基本思想：预先选取 3*3 的模板，令模板在图像中滑动，进行模板与模板所对应的图像的像素关联度计算，适当地设定和选取阈值，确定模板中心点是边缘点还是噪声点。本文取中心点 $u(i,j)$ 的模板 4 个方向上的 3 个像素点为参考序列，即水平方向 $\{u(i,j-1),u(i,j),u(i,j+1)\}$，垂直方向 $\{u(i-1,j),u(i,j),u(i+1,j)\}$，对角线（135°）方向 $\{u(i-1,j-1),u(i,j),u(i+1,j+1)\}$，反对角线方向（45°）$\{u(i+1,j-1),u(i,j),u(i-1,j+1)\}$ 作为参考序列分别进行绝对关联度计算，选取最小值作为该中心点的关联度值。

第二步：确定像素点性质。

求关联度共生图像关联度均值 $\overline{R}$，确定关联度阈值 $T = \lambda \overline{R}$，λ 为调节参数。为了对关联度不同的点采用不同的扩散程度，保持边缘，将关联度矩阵小于关联度阈值 T 的 $H(x,y)$ 调整为 1。

第三步：图像去噪。对图像按照公式（5-9）以及离散化方法进行各向异性扩散去噪。

5. 实验及结果分析

实验平台为 CPU Intel Corel（TM）主频 3.4 GHz、内存 4 GB 的 PC 机，测试程序使用 Matlab R2012b 编程实现。图像以标准 lenna 图像为例，增加高斯噪声进行仿真。分别采用本文算法，文献[1]的 PM 算法，文献[8]的局部熵方法对图像进行去噪处理。

为了对去噪图像的进行客观评价，本文通过计算去噪图像的 *PSNR* 值和 *MSE* 值来比较，如表 5-1 所示。*PSNR* 的定义为

$$PSNR = 10\log_x \left\{ \frac{(255)^2}{MSE} \right\} \qquad （5\text{-}10）$$

$$MSE = \frac{1}{M \times N} \sum_{x=1}^{M} \sum_{y=1}^{N} (u(x,y) - v(x,y))^2$$

式中，*u* 是大小为 $M \times N$ 的原始图像；*v* 是去噪图像；*MSE* 是去噪图像与原始图像对应像素值得到的均方差。

表 5-1　不同噪声下去噪后的 *PSNR* 值

噪声	PM 算法	文献[8]算法	本文算法
高斯噪声	26.35	26.88	27.56
pebble	23.69	26.34	26.80
白噪声	28.59	28.46	29.00

由表 5-1 看出，我们针对 3 个算法添加不同的噪声，实验结果表明本文算法取得了好的去噪效果。

（a）原图　　　（b）PM 算法　　　（c）本文算法　　　（d）文献[8]算法
　　　　　　　　去噪结果　　　　　去噪结果　　　　　处理结果

图 5-1　高斯噪声下 3 个算法去噪实验

从图 5-1 的去噪的视觉效果看出，本文算法去噪效果更有效，不但能够较好地抑制噪声，而且能更好地保留边缘细节，如图 5-2 所示。

（a）原图提 　（b）PM 算法去噪 　（c）本文算法去噪 　（d）文献[8]算法处理
取边缘 　　　结果提取边缘 　　　结果提取边缘 　　　结果提取边缘

图 5-2　对去噪图像提取的边缘结果

从图 5-1 和图 5-2 的实验结果来看，本文算法的结果与原始图像越接近，滤波器的性能越好。

5.5　小　结

本章重点介绍了灰色系统原理。基于偏微分方程的图像去噪是近年来研究的热点，而基于灰色系统理论与偏微分方程相结合的研究却很少，本章的融合灰色关联度的各向异性扩散图像去噪方法结合了它们的优点。理论分析和实验结果均表明，改进方法既能充分抑制噪声，又能更好地保持图像边缘细节特征，在视觉效果和客观评价指标上都具有明显优势。在降噪的过程中，计算程序复杂，程序运行时间较长，如何提高效率是下一步研究的内容。

5.6　参考文献

[1] PERONA P, MALIK J. Scale-space and edge detection using anisotropic diffusion[J]. IEEE Transaction on Pattern Analysis and Machine Intelligence, 1990, 12(7): 629-639.

[2] BLACK M J, SAPIRO G, MARJMONT D H, et al. Robust anisotropic diffusion[J]. IEEE Transactions on Image processing. 1998, 7(3): 421-432.

[3] GALVANIN E A S, DO VALE G M, DAL POI A P. The canny detector with edge region focus-ing using an anisotropic diffusion process[J]. Pattern Recognition and Image Analysis, 2006, 16(4): 614-621.

[4] CATTE F, LIONS P, MOREL, et al. Image selective smoothing and edge detection by non-linear diffusion[J]. SIAM Journal on Numerical Analysis, 1992, 29: 182-193.

[5] 余锦华，汪源源. 基于各向异性扩散的图像研究综述[J]. 电子测量与仪器学报，2011，25（2），105-116.

[6] Tsiotsios C, Petrou M. On the choice of the parameters for anisotropic diffusion in image processing[J]. Pattern Recognition, 2013, 46(5): 1369-1381.

[7] CHAO S M, TSAI D M. An improved anisotropic Diffusion model for detail and edge-preserving smoothing[J]. Pattern Recognition Letters, 2010, 31(13): 2012-2023.

[8] 赵德，何传江，陈强. 结合局部熵的各向异性扩散模型[J]. 模式识别与人工智能，2012，25（4）：642-647.

[9] DENG J L. Control Problems of grey systems[J]. Systems&Control Letters, 1982, 1(5): 288-294.

[10] 邵黄兴. 基于灰色系统理论的数字图像处理算法[J]. 电子技术与软件工程，2016（19）：92.

[11] 杨兴江，廖志武，蒲永华. 基于灰色系统理论的各向异性扩散图像去噪方法[J]. 计算机与现代化，2016（02）：21-23+27.

第6章

基于极限学习优化的视频图像识别研究

6.1 视频图像理解

6.1.1 引 言

随着视频获取设备、社交网络和移动通信的快速发展，视频数据呈爆炸式增长。面对海量的记录人的各种活动的视频数据，从安全、监控、娱乐等各个方面自动获取和理解视频中人体行为具有重要的学术和应用价值。视频行为识别和理解研究一般包括底层的动作识别和高层的行为认知与意图推测，底层的动作识别主要涉及动作特征的提取与表示，高层的行为认知主要涉及行为的含义及其表示与推理。往往把识别过程分为 3 个阶段，其一般性框架如图 6-1 所示：首先是进行图像去噪、图像增强和图像分割等图像预处理技术；然后是检测运动目标、进行特征提取、对行为模式或动作进行建模的行为识别过程；最后是建立底层视觉特征与高层语义特征之间的关联的行为理解过程。

图 6-1 视频中行为识别的一般框架

6.1.2 视频图像预处理

视频中的图像预处理定义为应用一系列方法进行图像获取、去噪、增强、变换等处理技术，增强图像的可视化和自动化，为后续的处理提供基础。在视频图像预处理中主要有图像去噪、图像增强、图像边缘提取、图像分割等。在行为识别中主要关心的是图像去噪与分割。

1. 视频图像去噪

视频图像中常见的噪声主要有加性噪声、乘性噪声和量化噪声等。去噪的方法主要分为两类：空间域的去噪方法和变换域的去噪方法。视频图像空间域去噪（滤波）是在单帧视频图像上的滤波，通常采用二维平面滤波方法：平滑线性滤波、统计排序滤波、双边滤波、非局部平均滤波，优点是算法比较成熟，使用方便，缺点是没有考虑到时间上下文关系。变换域的去噪方法首先将图像内容进行变换，在变换域中去噪，然后采用反变换重建图像。常见的算法有：基于运动状态检测的多假设递归空时滤波（MRF），结合运动补偿的球体双边滤波，结合非下采样小波阈值去噪的三维自交双边滤波。

2. 视频图像分割

视频图像分割是从视频流中提取变化的区域，以便确立运动目标。视频图像分割算法主要分为空间分割算法和时间分割算法两类。空间分割是一种静态分割，只对单帧图像处理，常见的算法有：直方图分割法、基于聚类理论分割法、基于阈值分割法、基于形态学分割法。时间分割是利用连续帧之间的变化区域提取运动目标。常见的算法有：背景差法，帧间差法、光流法等。

6.1.3　运动特征提取

从视频中提取有效的运动特征是人体行为识别的关键一步，其目的是从人体动作底层数据中抽取部分特征信息去表征人体行为以便提高识别的正确性和鲁棒性。行为识别的特征可以分为全局特征和局部特征，全局特征对噪声，部分遮挡，视角的变化比较敏感；相对而言，局部特征提取是指提取人体中感兴趣的点或者块，对视觉变化和部分遮挡不太敏感。

1. 全局特征提取

全局特征主要从人体目标的尺寸、颜色，边缘、轮廓、形状和深度等方面对检测出来的整个感兴趣的人体进行描述，能很好地表征人体的整体信息，为识别目标提供线索。

Davis 等人最早采用轮廓来描述人体的运动信息，其用 MEI 和 MHI 两个模板来保存对应的一个动作信息，然后用马氏距离分类器来进行识别。由于剪影受颜色和纹理等不相关特征影响较少，目前被广泛使用。如 Ahmad 和 Lee 就提出一种称为剪影能量图像(Silhouette Energy Image, SEI) 的剪影时空表征方法。而 Wang 同时利用了剪影信息和轮廓信息来描述动作，即用基于轮廓的平均运动形状（MMS）和基于运动前景的平均能量（AME）两个模板来进行描述。当把轮廓和剪影模板保存下来后，新提取出的特征要与其进行比较，Daniel 采用欧式距离来测量其相似度，随后他又改为用倒角距离来度量，这样就消除了背景减图这一预处理步骤。Blank 等人首次从视频序列中的剪影信息得到 3D 时空体 STV，然后用泊松方程导出局部时空显著点及其方向特征，其全局特征是通过对这些局部特征加权得到的。为了处理不同动作的持续时间不同的问题，学者 Keel 将剪影的 STV 和光流信息结合起来，作为行为识别的全局特征。光流是运动识别中另一种重要的全局特征，是运动物体在观测成像面上的像素运动的瞬时速度，它建立于图像的变化仅仅来源于移动的假设基础之上。光流技术在人体识别领域被广泛使用，Efros 等利用光流信息实现一定距离上人体动作的识别，Mahbub 用光流场中特征点水平和垂直方向的平均差和标准差计算实现对运动及方向的检测。

剪影特征提取经常需要进行目标分割、目标跟踪，而不能从视频直接提取运动信息，光流特征的获取本身很困难，而且光流计算很复杂，有学者尝试采用局部特征提取方法。

2. 局部特征提取

人体行为识别局部特征提取是指提取人体中感兴趣的点或者块，因此不需要精确的人体定位和跟踪，并且局部特征对人体的表观变化、视觉变化和部分遮挡问题也不是很敏感，主要有时空兴趣点、时空上下文等方法。

1）局部兴趣点提取

行为识别中的局部特征点是视频中时间和空间的点，这些点的检测发生在视频运动的突变中，因此在运动突变时产生的点包含了对人体行为分析的大部分信息。时空兴趣点的检测算法有 Harris 算法、Susan 算法和 Sift 算法等。Laptev 将 2 维图像上 Harris 角点扩展到三维空间上，Salmane 等在光流中运用 Harris 角点算法得到更精确的光流特征。Zhang 和 Liu 利用量化的局部 SIFT 描述因子来表征人体，Scovanner 利用子直方图来对局部时空进行信息编码并构造出三维的 SIFT 描述因子。

2）时空上下文特征提取

基于局部兴趣点的方法在人体识别中得到了广泛应用，但它没有利用局部空间几何关系。一些研究者提出时空上下文特征，对局部特征的空间几何关系进行建模。Biederman 等对时空上下文特征进行定义，把用于人体识别的上下文特征分为：场景上下文、空间上下文和尺度上下文。如文献利用"基于图像""基于人体"和"基于动作"的上下文特征构建人体动作识别框架。Wang 等人提出利用多尺度时空上下文特征进行动作识别。Wu 等人提出联合时空上下文和表观特征分布来进行人体动作识别。

6.1.4　行为识别方法

当前行为识别的主要方法可以简单地分为：模板匹配法、状态空间法、判别式模型。

1. 模板匹配法

动作识别中最直接的方法就是模板匹配法。该方法事先对每一动作建立起特征数据样本模板，识别时只需按照时间顺序将获取的待测动作数据特征与样本模板匹配，通过计算两者的相似度判断是否属于样本特征。典型的模板有主动形状模型（ASM）、主动外观模型（AAM）、运动历史图像

（MHI）、运动能量图像（MEI）等。人体运动识别中主要采用 MHI 和 MEI 来实现对特征的匹配。MEI 反映了人体动作所发生的区域及强度，MHI 则在一定强度上反映人体动作发生的时间及时间变化情况。由于它们在实践中具有鲁棒性好等特点，在动作识别中有着广泛的研究。

2. 状态空间法

状态空间法将每个静态姿势定义为一个状态，每个状态间通过相互间的概率关系连接，状态和状态之间的切换采用概率来描述，一个运动序列可看成一次这些状态或状态集合的遍历过程。典型的状态空间模型有隐马尔可夫模型（HHM）、条件随机场（CRFS）和动态贝叶斯网络（DBN）。状态空间法的高度模块化使其相比于基于动作模型的特征理解方法更适合于复杂特征理解，是目前研究的特点。

3. 判别式模型

判别式模型在给定了特征后，可以直接计算条件概率分布，估计类别之间的分类面，还可以进行多分类判别。常见的人体识别判别式模型：支持向量机（SVM）、词袋模型、语法模型等。

6.2 典型的视频图像识别技术

6.2.1 目标检测

目标检测的目的是从不同复杂程度的背景中辨识出运动目标并分离背景，从而完成跟踪、识别等后续任务。因此，目标检测是高层理解与应用的基础任务，其性能的好坏将直接影响后续的目标跟踪、动作识别以及行为理解等任务的性能。按算法处理对象的不同，目标检测方法可以分为基于背景建模的目标检测方法和基于前景建模的目标检测方法。其中，基于背景建模的方法通过对背景进行估计，建立起背景模型与时间的关联关系，将当前帧与所建背景模型进行对比作差，间接地分离出运动前景，最后经过前景分割得到跟踪目标；基于前景目标建模的方法则是采用灰度、颜色、纹理等同质特征，建立起跟踪目标的表观模型，并设计适当的分类器对其进行分类与检测。

1. 帧差法

帧间差分法是一种通过对视频图像序列的连续两帧图像做差分运算获取运动目标轮廓的方法。当监控场景中出现异常目标运动时，相邻两帧图像之间会出现较为明显的差别，两帧相减，求得图像对应位置像素值差的绝对值，判断其是否大于某一阈值，进而分析视频或图像序列的物体运动特性。其数学公式描述如下：

$$D(x,y) = \begin{cases} 1, & \text{如果} \left| I(t) - I(t-1) \right| > T; \\ 0, & \text{其他} \end{cases}$$

式中，$D(x,y)$ 为连续两帧图像之间的差分图像；$I(t)$ 和 $I(t-1)$ 分别为 t 和 $t-1$ 时刻的图像；T 为差分图像二值化时选取的阈值；$D(x,y)=1$ 表示前景，$D(x,y)=0$ 表示背景。

2. 三帧差法

三帧差分算法是相邻两帧差分算法的一种改进方法，它选取连续三帧视频图像进行差分运算，消除由于运动带来的背景影响，从而提取精确的运动目标轮廓信息。该算法的基本原理是先选取视频图像序列中连续三帧图像并分别计算相邻两帧的差分图像，然后将差分图像通过选取适当的阈值进行二值化处理，得到二值化图像，最后在每一个像素点将得到的二值图像进行逻辑与运算，获取共同部分，从而获得运动目标的轮廓信息。提取连续的三帧图像 $I(t-1)$、$I(t)$、$I(t+1)$，具体步骤如下：

S1：$D_1(x,y) = \left| I(t) - I(t-1) \right|$，$D_2(x,y) = \left| I(t+1) - I(t) \right|$；

S2：$D_3(x,y) = D_1(x,y) \bigcap D_2(x,y)$；

S3：滤波处理 $D_3(x,y)$ 得到 $D_4(x,y)$；

S4：二值化处理 $D_4(x,y)$ 得到 $D(x,y)$。

3. 背景差分法

背景差分法又称背景减法。背景差分法的原理是将当前帧与背景图像进行差分来得到运动区域目标。这种方法比帧差法能更好地识别和提取运动图像。但该方法需要构建一幅背景图像，这幅背景图像不含运动目标，还能够自动更新以适应当前背景的变化。构建背景图像的方法很多，常见的有单个高斯建模法、混合高斯建模法、中值滤波建模法、卡尔滤波建模法、核密度估计建模法。

在不考虑噪声 $n(x,y,t)$ 的影响下，可以把视频图像 $I(x,y,t)$ 看成由背景图像 $b(x,y,t)$ 和运动目标 $m(x,y,t)$ 组成。

6.3 极限学习机原理

极限学习机（Extreme Learning Machine，ELM）是由新加坡南洋理工大学教授 Huang 在 2006 年提出的前馈神经网络的极限学习方法。ELM 是一种特殊类型的单隐层前馈神经网络，如图 6-2 所示。

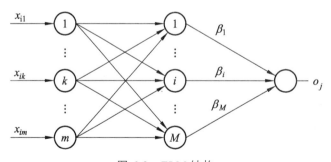

图 6-2　ELM 结构

图中，m 为输入神经元个数，M 为隐层神经元个数，n 为输出神经元个数。第 i 个隐层神经元的结点激励函数表示为 $g()$，控制阈值设置为 b_i，连接第 i 个隐结点到输出结点的输出权值为 β_i，(x_i, t_i) 为训练样本。那么 ELM 的训练模型为

$$\sum_{i=1}^{M} \beta_i g(\omega_i \cdot x_j + b_i) = o_j, \ j=1,2,\cdots,n \tag{6-1}$$

式中，$\boldsymbol{\omega}_i = [\omega_{1i}, \omega_{2i}, \cdots, \omega_{mi}]$ 为输入层与隐层之间的权值向量，$\boldsymbol{\beta}_i = [\beta_{i1}, \beta_{i2}, \cdots, \beta_{in}]$ 为隐层到输出层的权值向量。

单隐层神经网络的学习目标是使输出误差最小化，即目标函数为

$$\min \sum_{j=1}^{n} \left\| o_j - t_j \right\| \tag{6-2}$$

很显然，$\sum_{j=1}^{n} \left\| o_j - t_j \right\| = 0$ 为最优结果，即存在 β_j, ω_j, b_j 使得

$$\sum_{j=1}^{M} \beta_j (\omega_j \cdot x_i + b_j) = t_i, i = 1, 2, \cdots, m$$

将该式描述为矩阵表示形式：

$$\boldsymbol{H\beta} = \boldsymbol{T} \tag{6-3}$$

其中

$$\boldsymbol{H} = \begin{bmatrix} g(\omega_1 x_1 + b_1) & \cdots & g(\omega_M x_1 + b_M) \\ \vdots & & \vdots \\ g(\omega_1 x_m + b_1) & \cdots & g(\omega_M x_m + b_M) \end{bmatrix}$$

于是将目标函数（6-2）转化成矩阵表示

$$\left| \boldsymbol{H\hat{\beta}} - \boldsymbol{T} \right| = \min \left| \boldsymbol{H\beta} - \boldsymbol{T} \right| \tag{6-4}$$

对公式（6-4）采用最小二乘法等方法求解得到

$$\hat{\boldsymbol{\beta}} = \boldsymbol{H'T} \tag{6-5}$$

式中，$\boldsymbol{H'}$ 是 $\boldsymbol{H}$ 的 Moore-Penrose 广义逆。

6.4　关联图正则极限学习算法

6.4.1　特征向量邻接图

设有 m 个特征向量 $x_1, x_2, \cdots, x_m$，$x_i \in R^d, i = 1, 2, \cdots, m$。由 m 个特征向量可以构建一个邻接图 G。设 W 为邻接图 G 的权值矩阵。如果 x_i 和 x_j 在特征值距离互为 k 近邻，则 $\omega_{ij} = 1$，否则 $\omega_{ij} = 0$。下面我们定义特征向量的

测度 $d_i = \sum\limits_{j=1}^{m} \omega_{ij}$, 图 G 的测度矩阵为 $\boldsymbol{d} = \mathrm{diag}(d_1, d_2, \cdots, d_m)$ 。接下来我们通过下面的公式对图 G 进行稀疏映射：

$$\min \frac{1}{2} \sum_{i=1}^{m} \sum_{j=1}^{m} (y_i - y_j)^2 \omega_{ij} = \mathrm{tr}(\boldsymbol{Y}^{\mathrm{T}} \boldsymbol{L} \boldsymbol{Y})$$

式中，$\boldsymbol{L} = \boldsymbol{D} - \boldsymbol{W}$ ，$\boldsymbol{Y} = \boldsymbol{\beta}^{\mathrm{T}} \boldsymbol{H}$ 由先验知识通过极限学习机学习，其中 y_i 是特征向量 x_i 的预测值。

6.4.2 标记关系图

设有 m 个数据 $\boldsymbol{x}_1, \boldsymbol{x}_2, \cdots, \boldsymbol{x}_m$ ，$\boldsymbol{x}_i \in R^d, i = 1, 2, \cdots, m$ 。由 m 个数据构造标记关系图。m 个数据是事先完成了标记的。设 $R_i = \{r_1, r_2, \cdots, r_c\}$ ，如果 $\boldsymbol{x}_i$ 属于类别 c ，就设 $r_c = 1$ ，否则 $r_c = 0$ 。下面我们用数据的相似度来做关系矩阵：

$$A(i, j) = \mathrm{COS}(\boldsymbol{x}_i, \boldsymbol{x}_j) = \frac{\langle \boldsymbol{x}_i, \boldsymbol{x}_j \rangle}{(\|\boldsymbol{x}_i\| \times \|\boldsymbol{x}_j\|)}$$

同样我们可以设定目标函数来构建标记网络的稀疏表达：

$$\min \frac{1}{2} \sum_{i=1}^{m} \sum_{j=1}^{m} (\boldsymbol{y}_i - \boldsymbol{y}_j)^2 \omega_{ij} = \mathrm{tr}(\boldsymbol{Y}^{\mathrm{T}} \boldsymbol{A} \boldsymbol{Y})$$

式中，$\boldsymbol{Y} = \boldsymbol{\beta}^{\mathrm{T}} \boldsymbol{H}$ 由先验知识通过极限学习机学习，其中 $\boldsymbol{y}_i$ 是特征向量 $\boldsymbol{x}_i$ 的预测值。

6.4.3 一种 JGELM 模型

基于特征向量邻接图的稀疏表达和标记关系图的稀疏表达，在典型 ELM 基础上提出 JGELM 模型，其表达式如下：

$$\min_{\beta} \|\boldsymbol{\beta}' \boldsymbol{H} - \boldsymbol{T}\|_2^2 + \lambda_1 \mathrm{tr}(\boldsymbol{\beta}' \boldsymbol{H} \boldsymbol{L} \boldsymbol{H}' \boldsymbol{\beta}) + \lambda_2 \mathrm{tr}(\boldsymbol{\beta}' \boldsymbol{H} \boldsymbol{A} \boldsymbol{H}' \boldsymbol{\beta}) + \lambda_3 \|\boldsymbol{\beta}\|_2^2$$

式中，$\mathrm{tr}(\boldsymbol{\beta}' \boldsymbol{H} \boldsymbol{L} \boldsymbol{H}' \boldsymbol{\beta})$ 为邻接图的正则项，$\mathrm{tr}(\boldsymbol{\beta}' \boldsymbol{H} \boldsymbol{A} \boldsymbol{H}' \boldsymbol{\beta})$ 为标记关系图的正则项，$\lambda_1, \lambda_2, \lambda_3$ 3 个参数为 3 个正则式的平衡参数。接下来，我们求解优化的 β 值。

令 $F = \left\| \boldsymbol{\beta}'\boldsymbol{H} - \boldsymbol{T} \right\|_2^2 + \lambda_1 \mathrm{tr}(\boldsymbol{\beta}'\boldsymbol{H}\boldsymbol{L}'\boldsymbol{\beta}) + \lambda_2 \mathrm{tr}(\boldsymbol{\beta}'\boldsymbol{H}\boldsymbol{A}\boldsymbol{H}'\boldsymbol{\beta}) + \lambda_3 \left\| \boldsymbol{\beta} \right\|_2^2$

求导得：

$$\frac{\partial F}{\partial \boldsymbol{\beta}} = \frac{\partial}{\partial \boldsymbol{\beta}}[(\boldsymbol{\beta}'\boldsymbol{H} - \boldsymbol{T})'(\boldsymbol{\beta}\boldsymbol{H} - \boldsymbol{T})] + \lambda_1 \mathrm{tr}(\boldsymbol{\beta}'\boldsymbol{H}\boldsymbol{L}'\boldsymbol{\beta}) + \lambda_2(\boldsymbol{\beta}'\boldsymbol{H}\boldsymbol{A}\boldsymbol{H}'\boldsymbol{\beta}) + \lambda_3 \left\| \boldsymbol{\beta} \right\|_2^2$$

$$= 2\boldsymbol{H}\boldsymbol{H}'\boldsymbol{\beta} - 2\boldsymbol{H}\boldsymbol{T} + 2\lambda_1 \boldsymbol{H}\boldsymbol{L}'\boldsymbol{\beta} + 2\lambda_2 \boldsymbol{H}\boldsymbol{A}\boldsymbol{H}'\boldsymbol{\beta} + 2\lambda_3 \boldsymbol{\beta}$$

令 $\dfrac{\partial F}{\partial \boldsymbol{\beta}} = 0$，则求得 $\boldsymbol{\beta}$ 的最优解：

$$\boldsymbol{\beta} = (\boldsymbol{H}\boldsymbol{H}' + \lambda_1 \boldsymbol{H}\boldsymbol{L}\boldsymbol{H}' + \lambda_2 \boldsymbol{H}\boldsymbol{A}\boldsymbol{H}' + \lambda_3 \boldsymbol{I})^{-1} \boldsymbol{H}\boldsymbol{T}'$$

JGELM 的求解算法如下：

JGELM 算法
输入：训练集 $N = \{(x_i, r_i) \mid x_i \in R^d, r_i \in \{0,1\}^c, i = 1, 2, \cdots m\}$，激活函数 g，隐藏层 k，正则参数 $\lambda_1, \lambda_2, \lambda_3$。
输出：权重矩阵 $\boldsymbol{\beta}$。
步骤 1：构建特征邻接图 Laplacian 矩阵 $\boldsymbol{L}$。
步骤 2：构建标签关联 Laplacian 矩阵 $\boldsymbol{A}$。
步骤 3：给定输入权值 ω_j 和偏值 b_j，计算隐藏层输出矩阵 $\boldsymbol{H}$。
步骤 4：计算输出权重矩阵 $\boldsymbol{\beta}$，按照公式：$\boldsymbol{\beta} = (\boldsymbol{H}\boldsymbol{H}' + \lambda_1 \boldsymbol{H}\boldsymbol{L}\boldsymbol{H}' + \lambda_2 \boldsymbol{H}\boldsymbol{A}\boldsymbol{H}' + \lambda_3 \boldsymbol{I})^{-1}$ $\boldsymbol{H}\boldsymbol{T}'$

6.4.4　仿真实验

1. 实验数据

我们采用多标签学习常用评估数据来测试 JGELM 算法，如表 6-1 所示。BARCELONA 图像数据集包含共 15 150 张巴塞罗那的城市风景照，图片覆盖 151 类场景，可用于图片分类、语义分割等研究。NATURE SCENE 数据集包含 2 407 张由 294 维特征向量、6 个语义标签组成的风景图像，主要用于计算机视觉识别与理解。PASCAL VOC2007 数据集是标准数据集，主要用于衡量图像识别基准能力，一共包含 9 663 张特征向量图像，训练集为 5 011 张特征向量图像，测试集为 4 952 张特征向量图像，一共包含 20 个种类。MIR FLICKR 2008 公共数据集包含 25 000 张图像数据，一共有 38 个类别，已经构建一个 512 维的 GIST 特征限量用于计算机视觉算法评估。

表 6-1　测试数据集

Data Sets	Samples	Features	Labels
BARCELONA	15 150	778（GIST+LBP）	4
NATURE SCENE	2 407	294	6
PASCAL VOC2007	9 963	4 608（GIST+RGB）	20
MIR FLICKR 2008	25 000	4 608（GIST+RGB）	38

2. 实验结果

我们使用上述 4 个数据集进行了对比测试（见表 6-2），利用分类效率作为评价，隐藏层选择了 100，500，1 000 3 类规模，正则参数选择为 $\lambda_1 = [2^{-3}, 2^{-2}, \cdots, 2^4]$，$\lambda_2 = [2^{-1}, 2^{-2}, \cdots, 2^3]$ 和 $\lambda_3 = [10^{-5}, 10^{-4}, \cdots, 10^{-1}]$。同时我们还同几个典型算法 SVM, LLC, ELM, GELM, JGELM 对比分析，从实验结果看，JGELM 具有很好的图像识别和分类能力，如表 6-2 所示。

表 6-2　分类性能测试表

Data set	SVM	LLC	ELM	GELM	JGELM
BARCELONA	74.76	88.23	87.37	89.82	93.41
SCENE	66.35	77.93	75.54	79.01	80.11
PASCAL07	64.77	75.92	70.88	71.67	73.49
MIRFLICKR08	58.89	71.61	66.73	68.96	67.28

6.5　小　结

本章主要讲述图像识别，特别是视频人体行为识别方法。图像识别的最基础技术是要实现对识别对象的分类，重点了介绍极限学习算法在图像分类中的应用。作者结合图正则理论对极限学习算法进行了优化，提出了关联图正则极限学习算法（JGELM），对该算法在 BARCELONA、SCENE、PASCAL07、MIRFLICKR08 4 个数据集上进行了算法测试，同时我们还同几个典型算法 SVM, LLC, ELM, GELM, JGELM 对比分析，从实验结果看，JGELM 具有很好的图像识别和分类能力。

6.6　参考文献

[1] KOBAYASHI T. BoF meets HOG: Feature extraction based on histograms of oriented pdf gradients for image classification, Proc IEEE Conference on Computer Vision and Pattern Recognition (CVPR), 2013: 747-754.

[2] The PASCAL Visual Object Classes Challenge 2007 (VOC2007). http://www.pascal-network.org/challenges/VOC/voc2007/index.html.

[3] GRIFFIN G, HOLUB A, PERONA P. Caltech-256 object category dataset, Technical Report7694, Caltech, 2007.

[4] Robust classification of objects, faces and flowers using natural image statistics, In CVPR, 2010: 2472-2479.

[5] LAZEBNIK S, SCHMID C, PONCE J. Beyond bags of features: Spatial pyramid matching for recognizing natural scene categories, In CVPR, 2006: 2169-2178.

[6] Li L J, Li F F. What, where and who? Classifying events by scene and object recognition, In ICCV, 2007: 1-8.

[7] Li F F, FERGUS R, PERONA P. Learning generative visual models from few training examples: An incremental Bayesian approach tested on 101 object categories, In CVPR Workshop on Generative-Model Based Vision, 2004.

[8] WANG J, YANG J, YU K, et al. Locality constrained linear coding for image classication, In ProcIEEE Conf Comput Vis Pattern Recognit, 2010: 3360-3367.

[9] Huang G B, Zhu Q Y, Siew C K. Extreme learning machine: Theory and applications, Neurocomputing, 2006, 70: 489-501.

[10] HUANG G B, ZHOU H M, DING X J, et al. Extreme learning machine for regression and multiclass classification, IEEE Transactions on Systems, Man, and Cybernetics, Part B: Cybernetics, 2012, 42: 513-529.

[11] MEHRIZI A, YAZDI H S. Semi-supervised GSOM integrated with extreme learning machine, Intell Data Anal, 2016, 20(5): 1115-1132.

[12] CHEN K, CHEN Q, YANG X, et al. Classification of imbalanced bioinformatics data by using boundarymovement-based ELM, Bio-Medical Materials and Engineering, 2015, 26: S1855-S1862.

[13] ZHANG Q, ZHOU Y. Hematocrit estimation using online sequential extreme learning machine, Bio-Medical Materials and Engineering, 2015, 26: 2025-2032.

[14] HUANG G B, WANG D H, LAN Y. Extreme learning machines: A survey, Int J Mach Learn Cybern, 2011, 2(2): 107-122.

[15] HUANG G B, ZHU Q Y, SIEW C K. Extreme learning machine: A new learning scheme of feed forward neural networks, In Proceedings of IEEE International Joint Conferenceon Neural Networks, 2004, 2: 985-990.

[16] ZHENG W B, QIAN Y T, LU H J. Text categorization based on regularization extreme learning machine, Neural Comput Appl, 2012, 1-10.

[17] CHUNG F R. Spectral graph theory, In CBMS Regional Conference Series in Mathematics 92.

[18] PENG Y, WANG S, LONG X, et al. Discriminative graph regularized

extreme learning machine and its applicationto face recognition, Neurocomputing, 2015, 149: 340-353.

[19] YANG X J, ZHOU Y, ZHU Q X, et al. Joint Graph regularized extreme learning machine for multilabel image classification. Journal of Computational Methods in Sciences and Engineering, 2018, 18: 213-219.

[20] 徐立中，李士进，石爱业. 数字图像的智能信息处理[M]. 北京：国防工业出版社，2007.

[21] 张铮，王艳平，薛桂香. 数字图像处理与机器视觉——VisualC++与Matlab 实现[M]. 北京：人民邮电出版社，2010.

第7章

常用优化计算

7.1 最小二乘法

7.1.1 最小二乘标准

最小二乘标准（Least Squares Criterion）是估计理论（Estimation Theory）的基础。高斯假设破坏测量的噪声服从正态分布（Normal Distribution），故又称为高斯分布。根据中心极限理论，可以假设许多现实的随机噪声源都服从正态分布。变量 x 的高斯概率分布定义为

$$\rho(x) = \frac{1}{\sigma\sqrt{2\pi}} e^{\frac{-(x-\bar{x})^2}{\sigma^2}} \tag{7-1}$$

式中，$\bar{x}$ 是分布的均值，σ^2 表示二次矩或分布的方差。

考虑存在 N 个均匀精确的测量值，$f_1, f_2, \cdots, f_N$ 都是单个参数 α 的线性函数 $f(\alpha)$ 的情况。这些测量值受到了零均值的加性高斯噪声 $v_i(t)$ 的影响。这样测量值由下式给出：

$$f_i = f(\alpha) + v_i(t) , \quad \forall i \in 1, \cdots, N$$

于是函数的真实值和噪声测量值之间的差值 $\overline{f_i}$ 为

$$\overline{f_i} = f(\alpha) - f_i , \quad \forall i \in 1, \cdots, N$$

根据式（7-1），这些误差的概率分布为

$$\rho(\overline{f_i}) = \frac{1}{\sigma\sqrt{2\pi}} e^{\frac{-(\overline{f_i})^2}{\sigma^2}} , \quad \forall i \in 1, \cdots, N$$

既然这些误差是独立的，该误差的复合分布为它们分布的乘积，由下式给出：

$$p(\overline{f}) = \frac{1}{\sigma\sqrt{2\pi}} e^{\frac{-((\overline{f_1})+(\overline{f_2})+\cdots+(\overline{f_N}))}{\sigma^2}}$$

为了使 $p(\overline{f})$ 最大化

$$\max\{p(\overline{f})\} = \max\left\{\frac{1}{\sigma\sqrt{2\pi}} e^{\frac{-((\overline{f_1})^2+(\overline{f_2})^2+\cdots+(\overline{f_N})^2)}{\sigma^2}}\right\}$$

$$= \max\left\{e^{\frac{-((\overline{f_1})^2+(\overline{f_2})^2+\cdots+(\overline{f_N})^2)}{\sigma^2}}\right\}$$
$$= \max\{-[(\overline{f_1})^2+(\overline{f_2})^2+\cdots+(\overline{f_N})^2]\}$$
$$= \min\{[(\overline{f_1})^2+(\overline{f_2})^2+\cdots+(\overline{f_N})^2]\}$$

因此，要求的估计就是使差的平方和最小的估计。这个估计也是采用最小二乘标准得到的最优估计。这是一个对测量的数据进行拟合时的常用算法，关心的核心是根据一组完备的测量数据集估计参数值。就先前的一组测试数据集，估计某个时刻的参数，可以采用 Weiner 滤波和 Kalman 滤波。Kalman 滤波就是选择用来引导飞鱼导弹和探月任务的算法（一种扩展平方根 Kalman 滤波）。

7.1.2　最小二乘曲线拟合

采用最小二乘法进行曲线拟合（Curve Fitting）关键在于联合一组测量值推导出参数估计，使得它与指定的数据最匹配。根据最小二乘原则，给定一组 N 个（噪声）测量值 f_i 的几何参数，用来拟合曲线 $f(\boldsymbol{a})$，其中 $\boldsymbol{a}$ 是一个参数组成的向量，我们设法求出测量值和曲线值之间差值的平方的最小值，从而根据下式给出参数 $\overline{\boldsymbol{a}}$ 的估计值：

$$\overline{\boldsymbol{a}} = \min\sum_{i=1}^{N}(f_i - f(x_i, y_i, a))^2$$

由于求最小值，通过差分可得

$$\frac{\partial \sum\limits_{i=1}^{N}(f_i - f(x_i, y_i, \boldsymbol{a}))^2}{\partial \boldsymbol{a}} = 0$$

这意味着

$$2\sum_{i=1}^{N}(f_i - f(x_i, y_i, \boldsymbol{a}))\frac{\partial f(\boldsymbol{a})}{\partial \boldsymbol{a}} = 0$$

可以表示为以下形式:

$$\boldsymbol{M}\boldsymbol{\alpha} = \boldsymbol{F}$$

式中,$\boldsymbol{M}$ 表示 i 项乘积的和矩阵,$\boldsymbol{F}$ 是一个测量值与 i 的乘积的和向量。它的解,即 $\boldsymbol{\alpha}$ 值的最佳估计,可由下式给出:

$$\bar{\boldsymbol{\alpha}} = \boldsymbol{M}^{-1}\boldsymbol{F} \, 。$$

下面给出一个实例。

考虑一组数据点拟合一个二维曲面的问题,曲面由下式给出:

$$f(x, y, \boldsymbol{\alpha}) = a + bx + cy + dxy$$

其中,参数向量 $\boldsymbol{\alpha} = [a, b, c, d]^{\mathrm{T}}$ 控制着曲面的形状,并且 (x, y) 表示曲面上点的坐标。已知一组坐标为 (x, y) 处曲面上的点测量值,$f_i = f(x_i, y_i) + v_i$,采用最小二乘法估计参数的值:

$$\bar{\boldsymbol{\alpha}} = [\bar{a} \ \ \bar{b} \ \ \bar{c} \ \ \bar{d}]^{\mathrm{T}} = \min \sum_{i=1}^{N}(f_i - f(x_i, y_i, \boldsymbol{\alpha}))^2$$

可得下式:

$$2\sum_{i=1}^{N}\left(f_i - (a + bx_i + cy_i + dx_i y_i)\right)\frac{\partial f(x, y, \boldsymbol{\alpha})}{\partial \boldsymbol{\alpha}} = 0$$

对 $f(x, y, \boldsymbol{\alpha})$ 求每个参数的偏导,可得

$$\frac{\partial f(x_i, y_i)}{\partial a} = 1$$

$$\frac{\partial f(x_i, y_i)}{\partial b} = x_i$$

$$\frac{\partial f(x_i, y_i)}{\partial c} = y_i$$

$$\frac{\partial f(x_i, y_i)}{\partial d} = x_i y_i$$

于是得 4 个联立方程：

$$\sum_{i=1}^{N}[f_i - (a + bx_i + cy_i + dx_i y_i)] \times 1 = 0$$

$$\sum_{i=1}^{N}[f_i - (a + bx_i + cy_i + dx_i y_i)] \times x_i = 0$$

$$\sum_{i=1}^{N}[f_i - (a + bx_i + cy_i + dx_i y_i)] \times y_i = 0$$

$$\sum_{i=1}^{N}[f_i - (a + bx_i + cy_i + dx_i y_i)] \times x_i y_i = 0$$

对上面 4 个方程式可以进行重写，其中第一个方程式可改写如下：

$$\sum_{i=1}^{N} f_i - Na - b\sum_{i=1}^{N} x_i - c\sum_{i=1}^{N} y_i - d\sum_{i=1}^{N} x_i y_i = 0$$

即

$$aN + b\sum_{i=1}^{N} x_i + c\sum_{i=1}^{N} y_i + d\sum_{i=1}^{N} x_i y_i = \sum_{i=1}^{N} f_i$$

同理可以改写其他三个方程进行重写，上述联立方程可用矩阵形式表示为

$$
\begin{bmatrix}
N & \sum_{i=1}^{N} x_i & \sum_{i=1}^{N} y_i & \sum_{i=1}^{N} x_i y_i \\
\sum_{i=1}^{N} x_i & \sum_{i=1}^{N}(x_i)^2 & \sum_{i=1}^{N} x_i y_i & \sum_{i=1}^{N}(x_i)^2 y_i \\
\sum_{i=1}^{N} y_i & \sum_{i=1}^{N} x_i y_i & \sum_{i=1}^{N}(y_i)^2 & \sum_{i=1}^{N} x_i(y_i)^2 \\
\sum_{i=1}^{N} x_i y_i & \sum_{i=1}^{N}(x_i)^2 y_i & \sum_{i=1}^{N} x_i(y_i)^2 & \sum_{i=1}^{N}(x_i)^2(y_i)^2
\end{bmatrix}
\begin{bmatrix}
a \\ b \\ c \\ d
\end{bmatrix}
=
\begin{bmatrix}
\sum_{i=1}^{N} f_i \\
\sum_{i=1}^{N} f_i x_i \\
\sum_{i=1}^{N} f_i y_i \\
\sum_{i=1}^{N} f_i x_i y_i
\end{bmatrix}
$$

令

$$
M = \begin{bmatrix}
N & \sum\limits_{i=1}^{N} x_i & \sum\limits_{i=1}^{N} y_i & \sum\limits_{i=1}^{N} x_i y_i \\
\sum\limits_{i=1}^{N} x_i & \sum\limits_{i=1}^{N} (x_i)^2 & \sum\limits_{i=1}^{N} x_i y_i & \sum\limits_{i=1}^{N} (x_i)^2 y_i \\
\sum\limits_{i=1}^{N} y_i & \sum\limits_{i=1}^{N} x_i y_i & \sum\limits_{i=1}^{N} (y_i)^2 & \sum\limits_{i=1}^{N} x_i (y_i)^2 \\
\sum\limits_{i=1}^{N} x_i y_i & \sum\limits_{i=1}^{N} (x_i)^2 y_i & \sum\limits_{i=1}^{N} x_i (y_i)^2 & \sum\limits_{i=1}^{N} (x_i)^2 (y_i)^2
\end{bmatrix}
$$

$$
F = \begin{bmatrix}
\sum\limits_{i=1}^{N} f_i \\
\sum\limits_{i=1}^{N} f_i x_i \\
\sum\limits_{i=1}^{N} f_i y_i \\
\sum\limits_{i=1}^{N} f_i x_i y_i
\end{bmatrix}
$$

则上式变为

$$
M\alpha = F
$$

7.2 主成分分析

主成分分析（Principal Components Analysis，PCA），也被称为 Karhunen Loveve（KL）变换或者 Hotelling 变换，是以线性代数中因式分解为基础，本质上是收集数据并进行变换，使得新的数据具有给定的统计特性。选择统计特性，可以使变换突出数据元素的重要性。因此，变换后的数据可以用来通过观察数据的重要性来分类，也可用来消除不重要成分，减少或压缩数据，因此常用于图像处理、计算机视觉处理中的特征降维。

7.2.1 数据描述

通常，数据用一个包括 m 个向量的集合表示：

$$X = \{\boldsymbol{x}_1, \boldsymbol{x}_2, \cdots, \boldsymbol{x}_m\}$$

每个向量 $\boldsymbol{x}$ 有 n 个元素或特征，即

$$\boldsymbol{x}_i = \{x_{i1}, x_{i2}, \cdots, x_{in}\}$$

解释每个向量 $\boldsymbol{x}_i$ 的方式取决于应用。例如，在模式分类中，每个向量表示一个测量值，向量的每个元素表示一个诸如颜色、大小或边缘强度的特征。

7.2.2　协方差

通常讲，协方差表示两个随机变量之间的线性相关性。通过计算协方差，可以确定两个数据集合之间是否有关系。特征向量可以表示为

$$\boldsymbol{c}_X = [c_{X,1} c_{X,2} \cdots c_{X,n}]$$

式中，$\boldsymbol{c}_{X,k} = \begin{bmatrix} x_{1,k} \\ x_{2,k} \\ \vdots \\ x_{m,k} \end{bmatrix}$，$k$ 从 1 取到 n。若 $x_i = \{x_{i,1}, x_{i,2}\}$，则协方差定义可以用

矩阵表示：

$$\sigma_{X,1,2} = \frac{1}{m}((c_{X,1} - \boldsymbol{\mu}_{X,1})^{\mathrm{T}}(c_{X,2} - \boldsymbol{\mu}_{X,2}))$$

可以改写为

$$\sigma_{X,1,2} = E[c_{X,1}, c_{X,2}] - E[c_{X,1}]E[c_{X,2}]$$

协方差的取值范围从 0 开始（0 表示无关），到反映强烈依赖关系的较大正值或负值。根据柯西不等式，可以得到最值：$|\sigma_{X,1,2}| \leqslant \sigma_{X,1}\sigma_{X,2}$，其中 $\sigma_{X,1}$ 表示 $c_{X,1}$ 的方差。方差是一个分散程度的量度，因此，该不等式表明如果数据的取值范围越大，则协方差越大，如果集合完全独立，则满足 $|\sigma_{X,1,2}| = \sigma_{X,1}\sigma_{X,2}$。可以证明，如果特征线性相关时，则协方差为最大值。

7.2.3　协方差矩阵

当数据超过两维时，则根据每一对成分定义协方差。这些成分定义的协方差可以构成协方差矩阵（Covariance Matrix）。协方差矩阵定义为

$$\sum_X = \begin{bmatrix} \sigma_{X,1,1} & \sigma_{X,1,2} & \cdots & \sigma_{X,1,n} \\ \sigma_{X,2,1} & \sigma_{X,2,2} & \cdots & \sigma_{X,2,n} \\ \vdots & \vdots & & \vdots \\ \sigma_{X,n,1} & \sigma_{X,n,2} & \cdots & \sigma_{X,n,n} \end{bmatrix}$$

式中，$\sigma_{X,i,j}$ 由下式给出：

$$\sigma_{X,i,j} = E[(c_{X,i} - \mu_{X,i})(c_{X,j} - \mu_{X,j})]$$

则协方差矩阵可以进一步表示为

$$\sum_X = \frac{1}{m}(c_X - \mu_X)^{\mathrm{T}}(c_X - \mu_X)$$

显然，协方差矩阵的对角线定义了特征的方差，并且基于方差定义的协方差矩阵式对称。

协方差矩阵还可以表示为第三种形式：

$$\sum_X = \frac{1}{m}(c_X^{\mathrm{T}} c_X) - \mu_X^{\mathrm{T}} \mu_X$$

协方差矩阵给出了关于数据的重要信息。例如，通过观察接近于零的值，可以突出有利于分类的不相关特征；很高或很低的值则表明是依赖特征，对于区分数据分组来说，不会提供任何有用信息。PCA 通过协方差矩阵变为对角阵的方式确定变换数据的方法，也就是说除了对角线外的所有值都为零。在这种情况下，数据不相关，特征可以用来进行分类。

7.2.4　矩阵对角变换

实际上，我们可以寻找一个变换矩阵 W，将定义在集合 X 中的每个特征向量映射到集合 Y 中的另一个特征向量中，从而使得 Y 中元素的协方差矩阵是对角阵。变换为线性的，它的定义为

$$c_Y = c_X W^{\mathrm{T}}$$

或者可以表示为

$$
\begin{bmatrix}
y_{1,1} & y_{1,2} & \cdots & y_{1,n} \\
y_{2,1} & y_{2,2} & \cdots & y_{2,n} \\
\vdots & \vdots & & \vdots \\
y_{m,1} & y_{m,2} & \cdots & y_{m,n}
\end{bmatrix}
=
\begin{bmatrix}
x_{1,1} & x_{1,2} & \cdots & x_{1,n} \\
x_{2,1} & x_{2,2} & \cdots & x_{2,n} \\
\vdots & \vdots & & \vdots \\
x_{m,1} & x_{m,2} & \cdots & x_{m,n}
\end{bmatrix}
\begin{bmatrix}
w_{1,1} & w_{1,2} & \cdots & w_{1,n} \\
w_{2,1} & w_{2,2} & \cdots & w_{2,n} \\
\vdots & \vdots & & \vdots \\
w_{n,1} & w_{n,2} & \cdots & w_{n,n}
\end{bmatrix}
$$

可以变换得到下式：

$$c_Y^{\mathrm{T}} = W c_X^{\mathrm{T}}$$

可以用矩阵清晰地显示如下：

$$
\begin{bmatrix}
y_{1,1} & y_{2,1} & \cdots & y_{m,1} \\
y_{1,2} & y_{2,2} & \cdots & y_{m,2} \\
\vdots & \vdots & & \vdots \\
y_{1,n} & y_{2,n} & \cdots & y_{m,n}
\end{bmatrix}
=
\begin{bmatrix}
w_{1,1} & w_{1,2} & \cdots & w_{1,n} \\
w_{2,1} & w_{2,2} & \cdots & w_{2,n} \\
\vdots & \vdots & & \vdots \\
w_{n,1} & w_{n,2} & \cdots & w_{n,n}
\end{bmatrix}
\begin{bmatrix}
x_{1,1} & x_{2,1} & \cdots & x_{m,1} \\
x_{1,2} & x_{2,2} & \cdots & x_{m,2} \\
\vdots & \vdots & & \vdots \\
x_{1,n} & x_{2,n} & \cdots & x_{m,n}
\end{bmatrix}
$$

依据上述定义，由 X 的协方差矩阵可以推导出 Y 的协方差矩阵。推导过程如下：

$$\sum\nolimits_Y = \frac{1}{m}(c_Y - \mu_Y)^{\mathrm{T}}(c_Y - \mu_Y)$$

则利用上面两个变换式可以得

$$\sum\nolimits_Y = \frac{1}{m}[(W c_X^{\mathrm{T}} - E[W c_X^{\mathrm{T}}])(c_X W^{\mathrm{T}} - E[c_X W^{\mathrm{T}}])]$$

整理得

$$\sum\nolimits_Y = \frac{1}{m}[W(c_X - \mu_X)^{\mathrm{T}}(c_X - \mu_X)W^{\mathrm{T}}]$$

或

$$\sum\nolimits_Y = W \sum\nolimits_X W^{\mathrm{T}}$$

因此，为了变换特征向量，可以采用上述方程找到一个矩阵 $\boldsymbol{W}$，使得 $\sum_Y$ 是对角阵。

7.2.5 逆变换

从 X 的协方差矩阵可以推导出 Y 的协方差矩阵，也可以采用逆变换，从 Y 的协方差矩阵可以推导出 X 的协方差矩阵。如果变换矩阵 $\boldsymbol{W}$ 的逆等于变换的转置：

$$\boldsymbol{W}^{-1} = \boldsymbol{W}^{\mathrm{T}}$$

可以得

$$\sum\nolimits_X = \boldsymbol{W}^{-1} \sum\nolimits_Y (\boldsymbol{W}^{\mathrm{T}})^{-1}$$

可得

$$\sum\nolimits_X = \boldsymbol{W}^{\mathrm{T}} \sum\nolimits_Y \boldsymbol{W} \tag{7-2}$$

同样，从 Y 特征也可以获得 X 的特征，由 $\boldsymbol{c}_Y^{\mathrm{T}} = \boldsymbol{W}\boldsymbol{c}_X^{\mathrm{T}}$ 得

$$\boldsymbol{W}^{-1}\boldsymbol{c}_Y^{\mathrm{T}} = \boldsymbol{W}^{-1}\boldsymbol{W}\boldsymbol{c}_X^{\mathrm{T}}$$

即

$$\boldsymbol{c}_X^{\mathrm{T}} = \boldsymbol{W}^{\mathrm{T}}\boldsymbol{c}_Y^{\mathrm{T}}$$

该方程对于在压缩应用中重构数据是非常重要的。在压缩中，采用上述方程只使用 $\boldsymbol{c}_Y$ 中的最重要元素，得到近似数据 $\boldsymbol{c}_X$。

7.2.6 特征值问题

已知 $\boldsymbol{W}^{-1} = \boldsymbol{W}^{\mathrm{T}}$，可以变换式（7-2）可得

$$\sum\nolimits_X \boldsymbol{W}^{\mathrm{T}} = \boldsymbol{W}^{\mathrm{T}} \sum\nolimits_Y$$

将等式右边更为明确地表示成如下形式：

$$\boldsymbol{W}^{\mathrm{T}}\sum\nolimits_{Y} = \begin{bmatrix} w_{1,1} & w_{2,1} & \cdots & w_{n,1} \\ w_{1,2} & w_{2,2} & \cdots & w_{n,2} \\ \vdots & \vdots & & \vdots \\ w_{1,n} & w_{2,n} & \cdots & w_{n,n} \end{bmatrix} \begin{bmatrix} \lambda_1 & 0 & \cdots & 0 \\ 0 & \lambda_2 & \cdots & 0 \\ \vdots & \vdots & & \vdots \\ 0 & 0 & 0 & \lambda_n \end{bmatrix}$$

$$= \lambda_1 \begin{bmatrix} w_{1,1} \\ w_{1,2} \\ \vdots \\ w_{1,n} \end{bmatrix} + \lambda_2 \begin{bmatrix} w_{2,1} \\ w_{2,2} \\ \vdots \\ w_{2,n} \end{bmatrix} + \cdots + \lambda_n \begin{bmatrix} w_{n,1} \\ w_{n,2} \\ \vdots \\ w_{n,n} \end{bmatrix}$$

同理等式左边表示为

$$\sum\nolimits_{X}\boldsymbol{W}^{\mathrm{T}} = \sum\nolimits_{X} \begin{bmatrix} w_{1,1} \\ w_{1,2} \\ \vdots \\ w_{1,n} \end{bmatrix} + \sum\nolimits_{X} \begin{bmatrix} w_{2,1} \\ w_{2,2} \\ \vdots \\ w_{2,n} \end{bmatrix} + \cdots + \sum\nolimits_{X} \begin{bmatrix} w_{n,1} \\ w_{n,2} \\ \vdots \\ w_{n,n} \end{bmatrix}$$

即

$$\sum\nolimits_{X} \begin{bmatrix} w_{1,1} \\ w_{1,2} \\ \vdots \\ w_{1,n} \end{bmatrix} + \sum\nolimits_{X} \begin{bmatrix} w_{2,1} \\ w_{2,2} \\ \vdots \\ w_{2,n} \end{bmatrix} + \cdots + \sum\nolimits_{X} \begin{bmatrix} w_{n,1} \\ w_{n,2} \\ \vdots \\ w_{n,n} \end{bmatrix} = \lambda_1 \begin{bmatrix} w_{1,1} \\ w_{1,2} \\ \vdots \\ w_{1,n} \end{bmatrix} + \lambda_2 \begin{bmatrix} w_{2,1} \\ w_{2,2} \\ \vdots \\ w_{2,n} \end{bmatrix} + \cdots + \lambda_n \begin{bmatrix} w_{n,1} \\ w_{n,2} \\ \vdots \\ w_{n,n} \end{bmatrix}$$

因此，可以通过如下方程求解 $\boldsymbol{W}$：

$$\sum\nolimits_{X} \boldsymbol{w}_i = \lambda_i \boldsymbol{w}_i$$

式中，$\boldsymbol{w}_i$ 表示 $\boldsymbol{W}$ 的第 i 行是特征向量；λ_i 是特征值。

7.2.7　求解特征值问题

我们已知 $\sum\nolimits_{X}$，需要求解 $\boldsymbol{w}_i$ 和 λ_i。可以得到 $\lambda_i \boldsymbol{w}_i = \lambda_i \boldsymbol{I} \boldsymbol{w}_i$，其中 $\boldsymbol{I}$ 是单位矩阵。因此，将特征值问题可以表示为

$$\left(\lambda_i \boldsymbol{I} - \sum\nolimits_{X}\right) \boldsymbol{w}_i = 0$$

利用特征方程求解 λ_i，即令

$$\det(\lambda_i \boldsymbol{I} - \sum\nolimits_X) = 0$$

所以只要 λ_i 值已知，求解 $\boldsymbol{w}_i$ 就很方便了。把 $\boldsymbol{w}_i$ 视为变换的列向量，就可以求得变换 $\boldsymbol{W}$。

7.2.8 PCA 方法小结

PCA 运算可以归纳为以下几步：

（1）根据数据获得特征矩阵 $\boldsymbol{c}_X$。矩阵的每一列表示一个特征向量。

（2）计算协方差矩阵 $\sum_X$。该矩阵给出了关于特征之间线性无关性的信息。

（3）通过求解特征方程 $\det(\lambda_i \boldsymbol{I} - \sum\nolimits_X) = 0$，得到特征值。所求的特征值构成对角协方差矩阵。

（4）对每个特征值根据 $(\lambda \boldsymbol{I} - \sum\nolimits_X)\,\boldsymbol{w}_i = 0$ 求解相应的特征向量 $\boldsymbol{w}_i$。特征向量应该是归一化并且线性无关的。

（5）将特征向量看作列向量获得变换 $\boldsymbol{W}$。

（6）通过计算 $\boldsymbol{c}_Y = \boldsymbol{c}_X \boldsymbol{W}^{\mathrm{T}}$，获得变换特征。新特征是线性无关的。

（7）对于分类应用，选择具有较大 λ_i 值的特征。

（8）对于压缩应用，将低 λ_i 值的部分设置为零，以缩减新特征向量的维数。

7.3 支持向量机

支持向量机（Support Vector Machine，SVM）是一个监督式的新学习算法，它广泛应用于统计分类以及回归分析中，核心思路是通过构造最优分类面（超平面）将数据进行分离。在线性可分的情况下，建立一个超平面使得可分的两类数据到该平面的距离最小。对于非线性可分问题，则是通过一个非线性映射把原始数据映射到另一个称为特征空间的新数据集上，使得新数据集在该特征空间上是线性可分的。

7.3.1　最优分类面

对于两类线性可分问题（见图 7-1），分割线 1（虚线表示）和分割线 2（实线表示）都能正确地将两类样本分开。这样的分割线（平面）有多个，同时两类数据到两个分割线（平面）的距离是不一样的，到分割线 2 的间隙最小，到分割线 1 的间隙最大，分割线 1 就成为最优分类线（平面）。

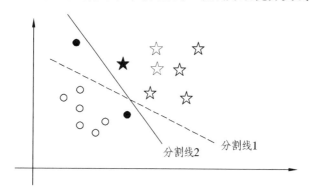

图 7-1　线性可分问题

给定学习训练样本集 $\psi = \{(\boldsymbol{x}_i, y_i) | i = 1, 2, \cdots, n\}$，其中 $\boldsymbol{x}_i \in \mathrm{R}^m, y_i \in \{-1, +1\}$，$m$ 维样本集 ψ 是线性可分的，即 m 维空间线性判别函数一般形式为 $g(\boldsymbol{x}_i) = \boldsymbol{W} \cdot \boldsymbol{x}_i + b$，存在超平面方程：

$$\boldsymbol{W} \cdot \boldsymbol{x}_i + b = 0 \tag{7-3}$$

式中，$\boldsymbol{W} = (w_1, w_2, \cdots, w_m)^\mathrm{T} \in \mathrm{R}^m$，$\boldsymbol{x}_i = (x_{i1}, x_{i2}, \cdots, x_{im}) \in \mathrm{R}^m$；内积 $\boldsymbol{W} \cdot \boldsymbol{x}_i = (w_1, w_2, \cdots, w_m)^\mathrm{T} \cdot (x_{i1}, x_{i2}, \cdots, x_{im}) = \sum\limits_{j=1}^{m} w_j x_{ij}$。

对任一 $(x_i, y_i) \in \psi$，满足：

$$\begin{cases} \boldsymbol{W}^\mathrm{T} \boldsymbol{x}_i + b \geqslant +1, & \text{当} y_i = +1 \text{时}; \\ \boldsymbol{W}^\mathrm{T} \boldsymbol{x}_i + b \leqslant -1, & \text{当} y_i = -1 \text{时} \end{cases}$$

这时称该平面为分离超平面。

事实上满足 $|g(\boldsymbol{x}_j)| = 1$ 的样本点到分类面的距离最小，它们决定了最优分类面，称之为支持向量（Support Vectors，SV），图 7-1 中深色的 3 个样本即为 SV。

关于空间 R^m 中点 $t = (t_1, t_2, \cdots, t_m)^T \in R^m$ 到超平面（7-1）的距离，有如下命题。

命题 7.1 点 $t \in R^m$ 到超平面 $\boldsymbol{W} \cdot \boldsymbol{x}_i + b = 0$ 的距离

$$d = \frac{\left| \boldsymbol{W}^T \cdot \boldsymbol{t} + b \right|}{\|\boldsymbol{W}\|},$$

式中，$\|\boldsymbol{W}\| = \sqrt{\boldsymbol{W}^T \cdot \boldsymbol{W}}$。

下面给出超平面的间隙 margin 的定义，记为

$$\text{margin} = d_+ + d_-$$

式中

$$d_+ = \min \left\{ \frac{\left| \boldsymbol{W}^T \cdot \boldsymbol{x}_i + b \right|}{\|\boldsymbol{W}\|} \middle| i \in \{1, 2, \cdots, n \mid y_i = +1\} \right\}$$

$$d_- = \min \left\{ \frac{\left| \boldsymbol{W}^T \cdot \boldsymbol{x}_i + b \right|}{\|\boldsymbol{W}\|} \middle| i \in \{1, 2, \cdots, n \mid y_i = -1\} \right\}$$

当存在点 $g(\boldsymbol{x}_j) = \pm 1$ 时，$d_+ = d_- = 1/\|\boldsymbol{W}\|$。

通过调节系数 $\boldsymbol{W}$ 和 b，使两类所有样本都能满足 $|g(\boldsymbol{x})| \geqslant 1$，这时的最大间隔 $\text{margin} = 2/\|\boldsymbol{W}\|$。

所以，我们将求解最大间隔问题变为求解 $\|\boldsymbol{W}\|$ 最小的问题。可见，求解最优分类面的问题转化为求解如下二次凸规划问题：

$$\min \varphi(\boldsymbol{W}) = \frac{1}{2} \|\boldsymbol{W}\|^2 = \frac{1}{2} (\boldsymbol{W}^T \cdot \boldsymbol{W})$$

$$\text{s.t.} \quad |g(\boldsymbol{x}_i)| \geqslant 1, \quad \text{即} \ y_i (\boldsymbol{W}^T \boldsymbol{x}_i + b) - 1 \geqslant 0 \ (i = 1, 2, \cdots, n)$$

7.3.2 线性与非线性支持向量机

1. 线性支持向量机模型

定义 7.1 称非零 Lagrange 乘子 $\lambda_i (i \in \{1, 2, \cdots, n\})$ 所对应的训练样本点

$(x_i, y_i) \in \psi$ 为支持向量（SV），并称由支持向量集 $\Omega_{sv} = \{(x,y) | \lambda_i \neq 0,\ i \in \{1, 2, \cdots, n\}\}$ 所决定的判别函数 $f(x)$ 为支持向量机。

当 Ω 线性可分时，判别函数

$$f(x) = \boldsymbol{\omega}^\mathrm{T} \boldsymbol{x} + b = \sum_{\lambda_i \neq 0} \lambda_i y_i \boldsymbol{x}_i^\mathrm{T} + b$$

直观上讲，支持向量一般都是那些与分界面较近的训练样本点，它们在训练 SVM 或确定超平面时起关键性作用。

2. 非线性支持向量机模型

尽管线性 SVM 分类器非常高效，并且在很多场景下都非常实用，但是很多数据集并不是可以线性可分的。对于在有限维度向量空间中线性不可分的样本，我们将其映射到更高维度的向量空间里，再通过间隔最大化的方式，学习得到支持向量机，就是非线性 SVM，如图 7-2 所示。

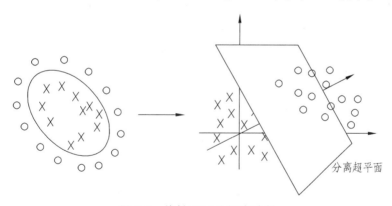

图 7-2　线性不可分样本映射

图 7-2 中左边采用了一个"圆圈"将两类样本进行分类。可是"圆圈"在二维空间无法用线性函数表示，也就是说，这些样本在二维空间里根本线性不可分。我们通过一个映射将二维空间的样本转换为三维空间的样本，图 7-1 中右边找到了分离超平面，实现了样本在三维空间分类。这里主要使用了核函数理论。

引入核函数后，判别函数变成以下形式：

</br>

$$f(\pmb{x}) = \pmb{\omega}^{\mathrm{T}}\pmb{x} + b = \sum_{\lambda_i \neq 0} \lambda_i \pmb{y}_i K(\pmb{x}_i, \pmb{x}) + b$$

用于模式识别的 SVM 中，常用的核函数有：

（1）多项式核：$k(\pmb{x},\pmb{y}) = (\pmb{x}^{\mathrm{T}}\pmb{y})^p$ 或 $k(\pmb{x},\pmb{y}) = (\pmb{x}^{\mathrm{T}}\pmb{y}+1)^p$；

（2）Gauss 核：$k(\pmb{x},\pmb{y}) = \exp(-\|\pmb{x}-\pmb{y}\|^2 / 2\sigma^2)$；

（3）Sigmoid 核：$k(\pmb{x},\pmb{y}) = \tanh(\pmb{x}^{\mathrm{T}}\pmb{y}-\theta)$。

7.3.3 SMO 算法

支持向量机 SVM 的学习训练算法是求解一个二次凸规划问题，从理论上讲，有许多经典求解算法，例如共轭梯度法、积极点法和内点法。1997年，Edgar Osuna 提出一个求解 SVM 中 QP 问题的分解算法，即把一个大型 QP 问题分解为一个小型 QP 问题序列并采用数值方法求解。1998 年 J.C.Platt 提出了一个称之为 SMO（Sequential Minimal Optimization，序列最小优化算法）的算法，该方法将 QP 问题分解为尽可能小的序列 QP 子问题，使得该子问题可以直接解析求解而避免数值方法，从而提高了计算效率。

1. 原问题的对偶问题

下面我们讲对偶函数最后的优化问题：

$$\min_{\alpha} W(\alpha) = \frac{1}{2}\sum_{i,j}^n y_i y_j \alpha_i \alpha_j K(x_i, x_j) - \sum_{i=1}^n \alpha_i$$

$$\text{s.t. } 0 \leqslant \alpha_i \leqslant C, i = 1,2,\cdots,n$$

$$\sum_{i=0}^n \alpha_i y_i = 0$$

要解决的问题是在参数 $\{\alpha_1, \alpha_2, \cdots, \alpha_n\}$ 上求最小值 W 的问题。其中 x_i 和 y_i 是样本数据，C 是我们设定的值，它们都是已知数。

2. SMO 的最优化问题的子问题

前面提到将原始的二次规划问题分解为只含两个变量的二次规划子问题，采用变量上升法，所以假设选定两个变量 α_1, α_2，其他变量相当于常数，省略常数后，SMO 的最优化问题的子问题可以简化成如下形式：

$$
\begin{aligned}
\min_\alpha W(\alpha) &= \frac{1}{2}\sum_{i,j}^{n} y_i y_j \alpha_i \alpha_j K(x_i,x_j) - \sum_{i=1}^{n} \alpha_i \\
&= \frac{1}{2}a_1 a_1 y_1 K(x_1,x_1) + \frac{1}{2}a_1 a_2 y_1 y_2 K(x_1,x_2) + \frac{1}{2}a_2 a_1 y_2 y_1 K(x_2,x_1) + \\
&\quad \frac{1}{2}a_2 a_2 y_2 y_2 K(x_2,x_2) + \frac{1}{2}\sum_{i=3}^{n} a_i a_1 y_i y_1 K(x_i,x_1) + \frac{1}{2}\sum_{j=3}^{n} a_1 a_j y_1 y_j K(x_1,x_j) + \\
&\quad \frac{1}{2}\sum_{i=3}^{n} a_i a_2 y_i y_2 K(x_i,x_2) + \frac{1}{2}\sum_{j=3}^{n} a_2 a_j y_2 y_j K(x_2,x_j) + \\
&\quad \frac{1}{2}\sum_{i=3}^{n}\sum_{j=3}^{n} a_i a_j y_i y_j K(x_i,x_j) - a_1 - a_2 - \sum_{i=3}^{n} a_i \\
&= \frac{1}{2}K_{11}a_1^2 + \frac{1}{2}K_{22}a_2^2 + K_{12}y_1 y_2 a_1 a_2 - (a_1 + a_2) + \\
&\quad y_1 a_1 \sum_{i=3}^{n} y_i a_i K_{i1} + y_2 a_2 \sum_{i=3}^{n} y_i a_i K_{i2} + \Delta
\end{aligned}
$$

式中，$\Delta = \dfrac{1}{2}\sum_{i=3}^{n}\sum_{j=3}^{n} a_i a_j y_i y_j K(x_i,x_j) - \sum_{i=3}^{n} a_i$，为常量。

令 $\upsilon_i = \sum_{j=3}^{n} a_j y_j K(x_i,x_j), i=1,2$，如果忽略常量，上式可以简化为

$$
\min_\alpha W(\alpha) = \frac{1}{2}K_{11}a_1^2 + \frac{1}{2}K_{22}a_2^2 + y_1 y_2 K_{12} a_1 a_2 - a_1 - a_2 + y_1 \upsilon_1 a_1 + y_2 \upsilon_2 a_2 \quad （7\text{-}4）
$$

将两个变量的函数转化为一元函数。

下面记

$$
g(x) = \sum_{i=1}^{N} a_i y_i K(x_i,x) + b \quad （\text{新的输入 } x \text{ 的预测值}）
$$

令

$$E_i = g(x_i) - y_i = \left(\sum_{j=1}^{N} \alpha_j y_j K(x_j, x_i) + b \right) - y_i, i = 1, 2 \quad （表示输入 \ x_i \ 的预测输$$

出与真实输出的差）

由约束 $\sum_{i=1}^{n} y_i a_i = 0$ 可得：$y_1 a_1 + y_2 a_2 = -\sum_{i=3}^{n} y_i a_i = \xi$，$\xi$ 为定值。

可以求得：$a_1 = (\xi - y_2 a_2) y_1$

式（7-2）可变为下面的一元函数：

$$\min_{\alpha_2} W(\alpha_2) = \frac{1}{2} K_{11}(\xi - y_2 a_2)^2 + \frac{1}{2} K_{22} a_2^2 + y_2 K_{12}(\xi - y_2 a_2) a_2 - (\xi - a_2 y_2) - a_2$$

式中，$K_{ij} = K(x_i, x_j), i, j = 1, 2, 3, \cdots, N$。

下面对一元函数求极值点：

$$\frac{\partial W(a_2)}{\partial a_2} = (K_{11} + K_{22} - 2K_{12}) a_2 - K_{11} \xi y_2 + K_{12} \xi y_2 + y_1 y_2 - 1 - \upsilon_1 y_2 + \upsilon_2 y_2 = 0$$

下面我们求两个变量的优化问题可以转化为一个变量的最值问题，我们用 a_1^{old}，a_2^{old} 表示最初的变量，用 a_2^{new} 表示同时满足等式约束和不等式约束的最新的 a_2。

当 $y_1 \neq y_2$ 时，

$$L = \max(0, a_2^{\text{old}} - a_1^{\text{old}})$$

$$H = \min(C, C + a_2^{\text{old}} - a_1^{\text{old}})$$

$$L \leqslant a_2^{\text{new}} \leqslant H$$

当 $y_1 = y_2$ 时，

$$L = \max(0, a_2^{\text{old}} + a_1^{\text{old}} - C)$$

$$H = \min(C, a_1^{\text{old}} + a_2^{\text{old}})$$

$$L \leqslant a_2^{\text{new}} \leqslant H$$

从而我们得到了 a_2^{new} 的取值范围。

通过对 $W(a_2)$ 的偏导等于零求得未剪辑的解：

$$a_2^{\text{new,unc}} = a_2^{\text{old}} + \frac{y(E_2 - E_1)}{\eta}$$

式中，$\eta = K_{11} + K_{22} - 2K_{12}$。

依据未剪辑解和 a_2^{new} 的取值范围来求得 a_2^{new} 的最优解：

$$a_2^{\text{new}} = \begin{cases} H, a_2^{\text{new,unc}} \geqslant H \\ a_2^{\text{new,unc}}, L < a_2^{\text{new,unc}} < H \\ L, a_2^{\text{new,unc}} \geqslant L \end{cases}$$

根据约束等式 $\sum\limits_{i=1}^{N} a_i y_i = 0$ 可以求得 a_1^{new}，即

$$a_1^{\text{new}} = a_1^{\text{old}} + y_1 y_2 (a_2^{\text{old}} - a_2^{\text{new}})$$

3. SMO 算法的实现

当 a_1 和 a_2 经优化计算取值为 $\lambda_1 = a_1^{\text{new}}$ 和 $\lambda_2 = a_2^{\text{new}}$ 后，要更新 b 和权重向量 $\boldsymbol{W}$ 的值。

首先我们更新 b，设 b 的更新值为 $\bar{b}$。

记 $\Delta a_i = \lambda_i - a_i, i = 1, 2$，$\Delta b = \bar{b} - b$。于是

$$\bar{b} = b + \Delta b$$

引入误差函数：

$$E(x, y) = f(x) - y$$

其中判别函数：

$$f(x) = \sum_{j=1}^{N} a_j y_j K(x_j, x) + b$$

又记 $\bar{E}(x, y) = \bar{f}(x) - y$，其中：

$$\bar{f}(x) = \sum_{j=1}^{2} \lambda_j y_j K(x_j, x) + \sum_{j=3}^{N} \lambda_j y_j K(x_j, x) + \bar{b}$$

记 $\Delta E(x, y) = \bar{E}(x, y) - E(x, y)$，于是

$$\Delta E(x, y) = \sum_{j=1}^{2} y_j K(x_j, x) \Delta a_j + \Delta b$$

如果 $a_1, a_2, \cdots, a_N$ 和 b 全部满足 KKT 条件，那么有 $E(x, y) = 0, i = 1, 2,$ $\cdots, N$。

故希望选择的 Δb 满足 $\overline{E}(x, y) = 0$，即

$$\Delta b = -\left[E(x, y) + \sum_{j=1}^{2} y_j K(x_j, x) \Delta a_j \right]$$

记 $E_i = E(x_i, y_i), i = 1, 2$，$K_{ji} = K(x_j, x_i)$，于是

$$\overline{b_i} = b - \left[E + \sum_{j=1}^{2} y_j K_{ji} \Delta a_j \right], i = 1, 2$$

当 λ_1 和 λ_2 均不在边界上时，$\overline{b_1} = \overline{b_2}$；当 λ_1 和 λ_2 都在边界上且 $L \neq H$ 时，可使 $\overline{b}$ 取为 $\overline{b_1}$ 和 $\overline{b_2}$ 之间的中点。

更新权重向量 W 时，仅在每一步结束后更新，由 KKT 条件，可记：

$$W = \sum_{i=1}^{N} a_i y_i x_i$$

$$\overline{W} = \sum_{i=1}^{2} \lambda_i y_i x_i + \sum_{j=3}^{N} a_j y_j x_j$$

式中，$x_i \in \mathrm{R}^m, i = 1, 2, \cdots, N$，于是

$$\Delta W = \overline{W} - W = y_1 x_1 \Delta a_1 + y_2 x_2 \Delta a_2$$

得到权重的更新式：

$$\overline{W} = W + y_1 x_1 \Delta a_1 + y_2 x_2 \Delta a_2$$

SMO 算法过程如下：

S1：给出样本点 x_i 互异的训练集 $\Omega = \{(x_i, y_i) \mid i = 1, 2, \cdots, N\}$。

S2：对 $\lambda_i (i = 1, 2, \cdots, N)$ 和 b 赋初值，构造集合：

$$\psi = \{\lambda_i \mid i = 1, 2, \cdots, N\}$$

并计算权重向量 $W = \sum_{i=1}^{N} \lambda_i y_i x_i$。

S3：如果 ψ 为空集则终止；否则选择 $a_1 \in \psi$ 。

S4：如果满足 KKT 条件，那么

$$\psi := \psi \setminus \{a_1\}$$

并转向 S3；否则转向 S5。

S5：选择 $a_2 \in \psi$ 满足

$$\left| E(a_1) - E(a_2) \right| = \max_{a \in \psi} \left| E(a_1) - E(a) \right|$$

S6：在训练集中选择样本点 $\overline{x_1}$ 和 $\overline{x_2}$ ，使其下标与 a_1 和 a_2 的下标相同，计算：

$$\eta = K(\overline{x_1}, \overline{x_1}) + K(\overline{x_2}, \overline{x_2}) - 2K(\overline{x_1}, \overline{x_2})$$

S7：计算 a_1 和 a_2 的优化值 a_1^* 和 a_2^* 。

S8：更新 b 和 W 的值，$\psi = \psi \setminus \{a_1, a_2\}$ ，并转向 S3。

7.4　小　结

本章重点介绍在智能计算过程使用的比较普遍的优化方式。介绍了最小二乘法的基本概念是找到一个（组）估计值，使得实际值与估计值的距离最小；介绍了通过迭代逐渐逼近的方式寻找最优解的过程；介绍了主成分分析方法的基本原理及其求解过程；还介绍了支持向量机的原理和求解过程。

7.5　参考文献

［1］褚蕾蕾，陈绥阳，周梦编. 计算智能的数学基础[M]. 北京：科学出版社，2002.

［2］袁亚湘，文瑜. 最优化理论与算法[M]. 北京：科学出版社，1997.

［3］李航. 统计学习方法[M]. 2 版. 北京：清华大学出版社，2019.

[4] CRISTIANINI N, TAYLOR J S. 支持向量机导论[M]. 李国正，王猛，曾华军，译. 北京：电子工业出版社，2005.

[5] 陈宝林. 最优化理论与算法[M]. 北京：清华大学出版社，2005.

[6] 序列最小优化算法 SMO 及代码实现. https://zhuanlan.zhihu.com/p/393628968.

[7] 序列最小最优化算法. https://zhuanlan.zhihu.com/p/78599113.

第8章

深度学习

8.1 初识深度学习

深度学习（Deep Learning，DL）是机器学习（Machine Learning，ML）研究的一个重要分支或子领域。近年来由于深度学习在计算机视觉和语音识别领域成就斐然，进一步掀起了对人工智能理论与技术的研究热潮，极大地促进了人工智能技术的广泛应用和工业实践。深度学习是指通过建立模型来模拟人类大脑的神经连接结构，在处理图像、声音和文字符号信息时，通过多个变换阶段分层对数据特征进行表征，进而分析数据语义，给出相应解释。

机器学习（Machine Learning，ML）是一种实现人工智能的方法，其基本做法是使用算法来解析数据、从中学习，然后对真实世界中的事件做出决策和预测。与传统的为解决特定任务、硬编码的软件程序不同，机器学习是用大量的数据来"训练"，通过各种算法从数据中学习如何完成任务。传统的机器学习算法包括决策树、聚类、贝叶斯分类、支持向量机、EM（期望最大算法）、Adaboost 等。从学习方法上来分，深度学习算法可以分为监督学习（如分类问题）、无监督学习（如聚类问题）、半监督学习等。

深度学习的概念并非新事物，它是传统神经网络（Neural Network）的发展，两者采用了相似的分层结构，不同之处在于深度学习采用了不同的训练机制，具备强大的表达能力。2006 年，多伦多大学的 Geoffrey Hinton 教授和 Yoshua Bengio、Yann LeCun 一起提出了可行的深度学习方案。其实，含多隐层的多层感知器就是一种深度学习。深度学习是通过组合低层特征形成高层抽象特征表达，从而发现数据的分布式特征描述。Hinton 基于深信度网提出非监督贪心逐层训练算法，提出多层自动编码器深层结构，为解决深层结构优化问题提供了解决思路。LeCun 提出的卷积神经网络具有重要意义，是第一个真正多层结构学习算法，它通过利用空间相对关系减少参数数目来进一步提高训练性能。

8.2 卷积神经网络

8.2.1 卷积神经网络的基本结构

卷积神经网络（Convolutional Neural Network，CNN）是一类包含卷积计算且具有深度结构的前馈神经网络，是深度学习的典型算法之一。该网络提供了一种端到端的学习模型，用梯度下降法学习参数，经过训练的卷积神经网络抽取识别对象特征，进而实现对对象的识别与分类。

CNN 的基本结构由输入层、卷积层、池化层、全连接层和输出层组成，如图 8-1 所示。卷积层和池化层一般会设置多层，采用交替连接，一个卷积层连接一个池化层，池化层后再连接一个卷积层，依次连接下去。

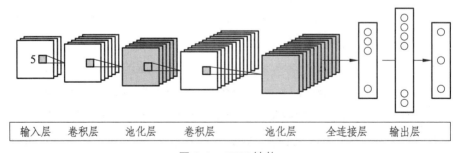

| 输入层 | 卷积层 | 池化层 | 卷积层 | 池化层 | 全连接层 | 输出层 |

图 8-1　CNN 结构

卷积神经网络的基础算法包含三个部分：网络模型定义，网络训练和网络推断。网络模型定义是根据具体应用和数据特点，设计网络深度、网络每层的功能，以及设定网络中的超参数。针对卷积神经网络的模型设计有不少的研究，比如模型深度方面、卷积的步长方面、激励函数方面、超参数选择等。卷积神经网络可以通过残差的反向传播对网络中的参数进行训练。但是，网络训练中的过拟合以及梯度的消逝与爆炸等问题极大影响了训练的收敛性能。可以使用高斯分布的随机初始化网络参数，利用经过预训练的网络参数进行初始化，对卷积神经网络不同层的参数进行相互独立同分布的初始化等方法提升收敛性能。卷积神经网络的预测过程就是通过对输入数据进行前向传导，在各个层次上输出特征图，最后利用全连接网络输出基于输入数据的条件概率分布的过程。

8.2.2　卷积神经网络的基本术语

1. 局部感知野

局部卷积神经网络降低参数数目的一个重要方法，就是局部感知野。我们通常会认为人对外界的认知是从局部到全局的，而图像的空间联系也是局部的像素联系较为紧密，而距离较远的像素相关性则较弱。因而，每个神经元其实没有必要对全局图像进行感知，只需要对局部进行感知，然后在更高层将局部的信息综合起来就得到了全局的信息。网络部分连通的思想，也是受到生物学里面的视觉系统结构的启发。视觉皮层的神经元就是局部接收信息的。如图 8-2（a）所示为 N-1 层与 N 层所有神经网络全连接，图 8-2（b）为 N-1 层与 N 层所有神经网络局部连接，可以看出参数有了明显减少。

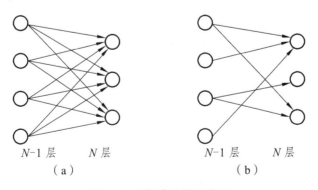

N-1 层　　N 层　　　　　　N-1 层　　N 层

（a）　　　　　　　　　　　（b）

图 8-2　局部感受野示意图

2. 权值共享

在研究图像统计特性时可以发现这样一个现象，即图像的一部分的统计特性与其他部分是一样的。这也意味着我们在这一部分学习的特征也能用在另一部分上，所以对于这个图像上的所有位置，我们都能使用同样的学习特征。1998 年，LeCun 发布了 LeNet-5 网络架构，权值共享这个词最开始是在 LeNet-5 模型中提出来的。在卷积神经网络中，卷积层中的卷积核（或称之为滤波器）类似于一个滑动窗口，在整个输入图像中以特定的步长来回滑动，经过卷积运算之后，从而得到输入图像的特征图，这个特征图就是卷积层提取出来的局部特征，而这个卷积核是参数共享的。在整个网络的训练过程中，包含权值的卷积核也会随之更新，直到训练完成。其实权值共享就是指整张图片在使用同一个卷积核内的参数。比如一个 $3 \times 3 \times 1$ 的卷积核，这个卷积核内的 9 个参数被整张图片共享，而不会因为图像内位置的不同而改变卷积核内的权系数。说得再通俗一点，就是用一个卷积核并不改变其内权系数的情况下卷积处理整张图片。当然，CNN 中每一个卷积层不会只有一个卷积核的，这样说只是为了方便解释。权值共享可以带来很多好处：一是权值共享的卷积操作保证了每一个像素都有一个权系数，只是这些系数被整个图片共享，因此大大减少了卷积核中的参数量，降低了网络的复杂度；二是传统的神经网络和机器学习方法需要对图像进行复杂的预处理并提取特征，将得到特征再输入到神经网络中，而加入卷积操作就可以利用图片空间上的局部相关性，自动地提取特征。

图 8-3 给出一个 5×5 的二值图像，我们共享一个卷积核最后得到卷积特征，其运算示例如下：

图 8-3 图像与卷积核

第 1 步：从图像中选择一个 3×3 的图像块，与卷积核做卷积，如图 8-4 所示。这相当于两个矩阵做点积：$1×1+1×0+1×1+0×0+1×1+1×0+0×1+0×0+1×1=4$。

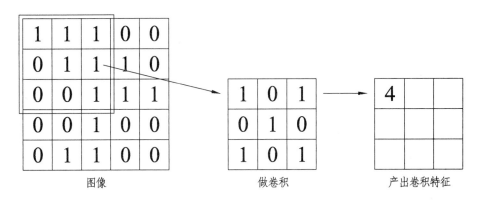

图 8-4　卷积计算过程（第 1 个 3×3 图像块）

第 2 步：向右滑动一步选择 3×3 的图像块与卷积核做卷积，可得卷积特征值为 3，如图 8-5 所示。

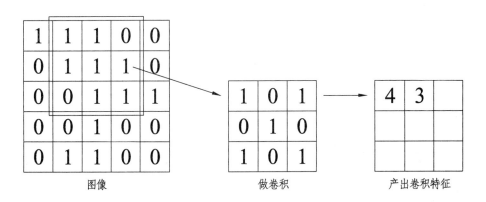

图 8-5　卷积计算过程（第 2 个 3×3 图像块）

第 3 步：向右滑动一步选择 3×3 的图像块与卷积核做卷积，可得卷积特征值为 3，如图 8-6 所示。

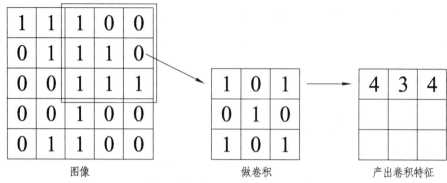

图 8-6　卷积计算过程（第 3 个 3×3 图像块）

第 4 步：在左边向下滑动一步选择 3×3 的图像块与卷积核做卷积，可得卷积特征值为 2，如图 8-7 所示。

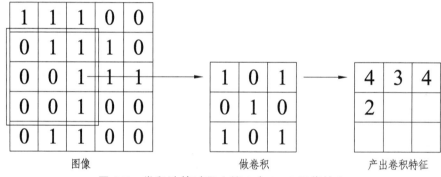

图 8-7　卷积计算过程（第 4 个 3×3 图像块）

这样依次类推，通过权值共享依次卷积，结果得到了卷积特征矩阵，如图 8-8 所示。

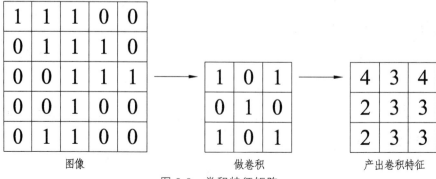

图 8-8　卷积特征矩阵

3. 池　化

通过卷积获得特征后，我们可以对分类器进行学习了。但实际上可能会有一个特征向量维数偏大问题，由于一些特征可以共享，最好的方式是采用聚合的方法降低维数，这种聚合的操作就叫作池化（pooling）。池化的方法有 2 种：最大值池化、平均值池化。其实池化的过程就是选择原图像某个区域的最大值或均值代替原来那个区域，这就对特征图像进行了压缩。最大值池化和均值池化如图 8-9 所示。

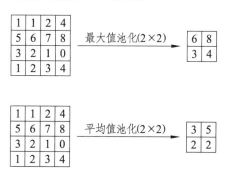

图 8-9　最大值池化与平均值池化

这样我们就大概理解了卷积神经网络的结构和基本算法过程。

8.3　卷积神经网络学习算法

8.3.1　监督学习

卷积神经网络监督学习采用我们前面章节所讲的 BP 算法。实现过程分为 4 步：从样本集中选取样本输入网络；计算相应的实际输出，通过各层逐级变换传到输出层；计算实际输出与相应的理想输出之间的差值；通过极小误差函数方法调整权值矩阵。在卷积神经网络中需要优化的参数有卷积核 k，池化层参数权值 β，全连接层网络参数权值 ω 以及各层偏置数据 b。我们采用卷积神经网络的期望和实际输出之间的均方误差作为代价函数，对代价函数进行极小化优化，代价函数如下：

$$E(k, \beta, \omega, b) = \frac{1}{2} \sum_{i=1}^{N} \|o_i - y_i\|^2$$

式中，N 为样本总量，O 为样本的真实分类标签，y 为卷积神经网络学习得到的预测类别标签。

（1）卷积层权值计算。一般而言一个卷积层 l 后面跟一个池化层 $l+1$，由反向传播算法可知，求卷积层 l 每个神经元的权值对应梯度需要求得每个神经元的残差 δ^l。我们需要先求得 $l+1$ 层残差的和 δ^{l+1}，乘以神经网络的连接权值 ω，还要乘以 l 层神经节点输入 μ 的激励函数 ϕ 的偏导数，还要乘以 $l+1$ 层卷积权值 β，即残差函数如下：

$$\delta_j^l = \beta_j^{l+1}(\phi'(\mu_j^l) * up(\delta_j^{l+1}))$$

依据残差函数我们可以计算特征图的偏置和卷积核的梯度如下：

$$\frac{\partial E}{\partial k_{ij}^l} = \sum_{\mu, \nu} (\delta_j^l)_{\mu, \nu} (p_j^{l-1})_{\mu, \nu}$$

$$\frac{\partial E}{\partial b_j} = \sum_{\mu, \nu} (\delta_j^l)_{\mu, \nu}$$

式中，μ, ν 为图像特征坐标；p_i^{l-1} 表示在计算 x_i^l 时与 k_{ij}^l 逐项相乘的 x_j^{l-1} 元素。

（2）池化层权值计算。为了求得下采样层 l 的梯度，需要先找到当前层的残差图与下一层残差图的对应区域，然后将残差反向传播回去。此外，还需乘以输入特征图与输出特征图之间的权值，该权值即是卷积核的参数。其计算公式如下：

$$\delta_j^l = \phi'(\mu_j^l) * conv(\delta_j^{l+1}, rot180(k_j^{l+1}), 'full')$$

基于残差，我们可以计算权值 β 和相应偏置 b 的梯度：

$$\frac{\partial E}{\partial b_j} = \sum_{\mu, \nu} (\delta_j^l)_{\mu, \nu}$$

$$\frac{\partial E}{\partial \beta_j} = \sum_{\mu, \nu} (\delta_j^l * down(x_j^{l-1}))_{\mu, \nu}$$

（3）全连接层权值计算。首先计算残差，然后计算梯度，其公式如下：

$$\delta^l = (\omega^{l+1})^{\mathrm{T}} \delta^{l+1} * \phi'(\mu^l)$$

$$\frac{\partial E}{\partial b^l} = \delta^l$$

$$\frac{\partial E}{\partial \omega^{l-1}} = x^{l-1} * (\delta^l)^{\mathrm{T}}$$

8.3.2　无监督学习

当输入数据没有标记时，可应用无监督学习方法从数据中提取特征并对其进行分类或标记。Lecun 等人预测了无监督学习在深度学习中的未来，Schmidthuber 也描述了无监督学习的神经网络。Deng 和 Yu 简要介绍了无监督学习的深度框架，并详细解释了深度自编码器。卷积神经网络最初是面向监督学习问题设计的，但也发展出了非监督学习范式，包括卷积自编码器（Convolutional Auto Encoders，CAE）、卷积受限玻尔兹曼机（Convolutional Restricted Boltzmann Machines，CRBM）/卷积深度置信网络（Convolutional Deep Belief Networks，CDBN）和深度卷积生成对抗网络（Deep Convolutional Generative Adversarial Networks，DCGAN）。下面主要介绍 CAE 的原理。

卷积自编码器利用了传统自编码器的无监督的学习方式，结合了卷积神经网络的卷积和池化操作，从而实现特征提取，最后通过 stack（堆栈）实现一个深层的神经网络。

（1）CAE 的卷积操作。初始化 k 个卷积核 ω，每个卷积核搭配一个偏置 b，与输入卷积后生成 k 个特征图 h，使用的激励函数设为 ϕ，其运算公式如下：

$$h^k = \phi(x * \omega^k + b^k)$$

（2）CAE 的池化操作。对上面产生的特征图可以使用最大值池化或平均值池化，同时保留池化所对应的区域位置。

（3）CAE 的池化层自编码操作（反池化操作）。对上面生成的特征图，利用保存的池化位置将池化数据还原到相应位置。

（4）CAE 的卷积层自编码操作（反卷积操作）。每张特征图 h 与它对应的卷积核的转置进行卷积并求和，增加偏置 c，使用的激励函数设为 ϕ。其计算公式如下：

$$y = \phi\left(\sum_k h^k * \omega^{\sim k} + c\right)$$

（5）CAE 的权值更新操作。确定损失函数如下：

$$E(\theta) = \frac{1}{2n}\sum_{i=1}^n (x_i - y_i)^2$$

8.3.3　激活函数

激活函数是模拟生物神经元特性，接收一组信号并产生输出。在神经科学中，生物神经元通常有一个阈值，当神经元的输入信号累积效果超过该阈值时，神经元被激活而处于兴奋状态，否则处于抑制状态。在卷积神经网络中,激活函数的引入是为了增强卷积网络的表达能力(非线性映射)。在深度神经网络学习中有很多种激活函数，本章介绍其中比较流行的 3 个激活函数。

1. Sigmoid 型函数

Sigmoid 函数也叫 Logistic 函数：

$$\phi(x) = \frac{1}{1 + \exp(-x)}$$

其图形如图 8-10 所示。

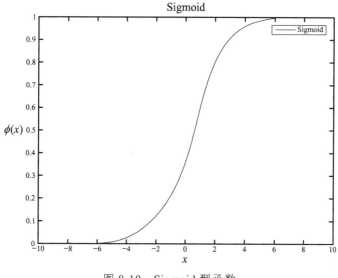

图 8-10　Sigmoid 型函数

从图中可以看出，经过 Sigmoid 型函数作用后输出的相应值压缩在 [0，1]，而 0 对应了生物神经元的抑制状态，1 则恰好对应了兴奋状态。

2. tanh(x)型函数

tanh(x)型函数是在 Sigmoid 函数基础上为解决平均值问题提出的激励函数：

$$\tanh(x) = \frac{1}{1 + \exp(-x)} - 0.5$$

本质上，tanh(x)型函数是 Sigmoid 函数下移 0.5 个单位得来，因此 tanh(x)型函数输出响应的均值就是 0，但是下移并不会改变函数导数的形状与性质。

3. 修正线性单元（ReLU）

ReLU 函数实际上是一个分段函数，其定义为

$$\text{ReLU}(x) = \max\{0, x\} = \begin{cases} x, & x \geqslant 0; \\ 0, & x < 0 \end{cases}$$

显然，ReLU 函数的梯度在 $x \geqslant 0$ 时为 1，反之为 0；在计算复杂度上计算比较简单。

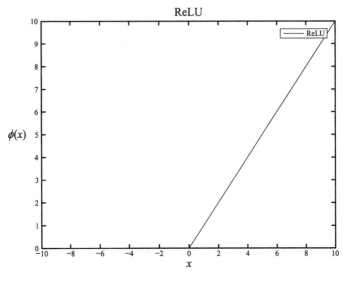

图 8-11　ReLU 函数

8.4　典型 CNN 结构

8.4.1　LeNet

LeNet 由 LeCuN 在 1998 年提出，它因为是第一个 CNN 而闻名于世，成功用于手写体识别上。它具有对数字进行分类的能力，不会受到较小的失真、旋转以及位置和比例变化的影响。在 2000 年初，GPU 并未广泛用于加速训练，甚至 CPU 也很低效，传统多层全连接神经网络将每个像素视为一个单独的输入并对其进行转换，但因巨大的计算负担而影响对其研究。LeNet 是一个前馈 NN，由 5 个交替的卷积和池化层组成，然后是两个全连接层。LeNet 利用了图像的潜在基础，即相邻像素彼此相关并分布在整个图像中。因此，使用可学习的参数进行卷积是一种在很少参数的情况下从多个位置提取相似特征的有效方法。这改变了传统的训练观点，即每个像素被视为与其邻域分离的单独输入特征，而忽略了它们之间的相关性。

LeNet 是第一个 CNN 架构，它不仅减少了参数数量和计算量，而且能够自动学习特征，如图 8-12 所示。

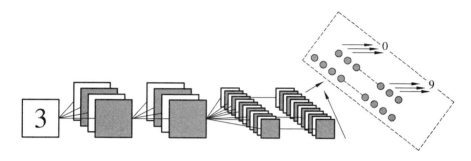

图 8-12 LeNet 结构

8.4.2 AlexNet

LeNet 虽然开启了深层 CNN 的研究，但是在那时，CNN 仅限于手写数字识别任务，并且不能很好地适用于所有类别的图像。AlexNet 被认为是第一个深度 CNN 架构，它显示了图像分类和识别任务的开创性成果。AlexNet 由 Krizhevesky 等人提出，他们通过加深 CNN 并应用许多参数优化策略来增强 CNN 的学习能力。在 2000 年初，硬件限制了深度 CNN 结构的学习能力，迫使其限制在较小的尺寸。为了利用 CNN 的表达能力，AlexNet 在两个 NVIDIA GTX 580 GPU 上进行了并行训练以克服硬件的短板。在 AlexNet 中，特征提取阶段从 5 层扩展到了 7 层，从而使 CNN 适用于各种类别的图像。通常情况下，深度会提高图像不同分辨率的泛化能力，但是深度增加的主要缺点是会导致过拟合。为了应对这一挑战，Krizhevesky 等人利用了 Hinton 的想法，即他们的算法在训练过程中随机跳过了一些变换单元，以强制模型学习更鲁棒的特征。除此之外，ReLU 还被用作非饱和激活函数，通过在某种程度上减轻梯度消失的问题来提高收敛速度。重叠下采样和局部响应归一化也被用于减少过度拟合来提高泛化性。与先前提出的网络相比，其他调整是在初始层使用了大型过滤器（11×11 和 5×5）。由于 AlexNet 的高效学习方法，它在新一代 CNN 中具有重要意义，并开启了 CNN 体系结构研究的新时代。

8.4.3 ZefNet

在 2013 年之前，CNN 的学习机制主要是基于反复试验，而不知道改进背后的确切原因。缺乏了解限制了深层 CNN 在复杂图像上的性能。2013年，Zeiler 和 Fergus 提出了一种有趣的多层反卷积神经网络（DeconvNet），该网络以 ZefNet 闻名。开发 ZefNet 的目的是定量可视化网络性能。网络活动可视化的想法是通过解释神经元的激活来监视 CNN 的性能。在先前的一项研究中，Erhan 等人（2009）利用了相同的想法通过可视化隐藏层的特征，优化了深度信念网络（DBN）的性能。Le 等人（2011 年）以同样的方式通过可视化输出神经元生成的图像类别来评估深度无监督自动编码器（AE）的性能。DeconvNet 的工作方式与前向 CNN 相同，但颠倒了卷积和池化操作的顺序。这种反向映射将卷积层的输出投影回视觉上可感知的图像模式，从而给出了在每一层学习的内部特征表示的神经元级别的解释。ZefNet 的目标是在训练期间监视学习方案，从而将发现用于诊断与模型相关的潜在问题。这个想法在 AlexNet 上应用 DeconvNet 得到了实验验证，结果表明在网络的第一层和第二层中只有少数神经元处于活动状态，而其他神经元则处于非活动状态。此外，它表明第二层提取的特征表现出混叠伪像（Aliasing Artifacts）。基于这些发现，Zeiler 和 Fergus 调整了 CNN 拓扑并进行了参数优化。Zeiler 和 Fergus 通过减小过滤器尺寸和步幅以在前两个卷积层中保留最大数量的特征，从而最大限度地提高了 CNN 的学习能力。CNN 拓扑结构的这种重新调整带来了性能提高，这表明特征可视化可用于识别设计缺陷并及时调整参数。

8.4.4 VGGnet

随着 CNN 成功用于图像识别，Simonyan 等人提出了一种简单有效的 CNN 架构设计原则。他们的名为 VGG 的体系结构是模块化的分层模式，其结构如图 8-13 所示。与 AlexNet 和 ZefNet 相比，VGG 的深度为 19 层，以模拟深度与网络表示能力的关系。ZefNet 是 2013 年 ILSVRC 竞赛的冠

军之一，它建议使用小型滤波器以提高 CNN 的性能。基于这些发现，VGG
用一堆 3×3 卷积层代替了 11×11 和 5×5 滤波器，并通过实验证明，同时

VGG 配置					
A	A-LRN	B	C	D	E
11 weight layers	11 weight layers	13 weight layers	16 weight layers	16 weight layers	19 weight layers
输入 224×224 RGB 图像					
Conv3-64	Conv3-64 LRN	Conv3-64 Conv3-64	Conv3-64 Conv3-64	Conv3-64 Conv3-64	Conv3-64 Conv3-64
maxpool					
Conv3-128	Conv3-128	Conv3-128 Conv3-128	Conv3-128 Conv3-128	Conv3-128 Conv3-128	Conv3-128 Conv3-128
maxpool					
Conv3-256 Conv3-256	Conv3-256 Conv3-256	Conv3-256 Conv3-256	Conv3-256 Conv3-256 Conv1-128	Conv3-256 Conv3-256 Conv3-256	Conv3-256 Conv3-256 Conv3-256 Conv3-256
maxpool					
Conv3-512 Conv3-512	Conv3-512 Conv3-512	Conv3-512 Conv3-512	Conv3-512 Conv3-512 Conv1-512	Conv3-512 Conv3-512 Conv3-512	Conv3-512 Conv3-512 Conv3-512 Conv3-512
maxpool					
Conv3-512 Conv3-512	Conv3-512 Conv3-512	Conv3-512 Conv3-512	Conv3-512 Conv3-512 Conv1-512	Conv3-512 Conv3-512 Conv1-512	Conv3-512 Conv3-512 Conv3-512 Conv3-512
maxpool					
FC4096					
FC4096					
FC-1000					
softmax					

图 8-13　VGG 的体系结构

放置 3×3 滤波器可以达到大尺寸滤波器的效果(感受野同大尺寸滤波器同样有效(5×5 和 7×7))。小尺寸滤波器的另一个好处是通过减少参数的数量提供了较低的计算复杂性。这些发现为在 CNN 中使用较小尺寸的滤波器创造了新的研究趋势。VGG 通过在卷积层之间放置 1×1 卷积来调节网络的复杂性,此外还可以学习所得特征图的线性组合。为了调整网络,将最大池化层放置在卷积层之后,同时执行填充以保持空间分辨率。VGG 在图像分类和定位问题上均显示出良好的效果。虽然 VGG 未在 2014-ILSVRC 竞赛中名列前茅,但由于其简单、同质的拓扑结构和增加的深度而闻名。与 VGG 相关的主要限制是计算成本高,即使使用小尺寸的滤波器,由于使用了约 1.4 亿个参数,VGG 仍承受着很高的计算负担。

8.4.5　GoogleNet

GoogleNet 赢得了 2014-ILSVRC 竞赛的冠军,也被称为 Inception-V1。GoogleNet 体系结构的主要目标是在降低的计算成本同时实现高精度。它在 CNN 中引入了 Inception 块的新概念,通过拆分、变换和合并思想整合了多尺度卷积变换。Inception 块的体系结构如图 8-14 所示,该块封装了不同大小的滤波器(1×1、3×3 和 5×5),以捕获不同尺度(细粒度和粗粒度)的空间信息。在 GoogleNet 中,传统的卷积层被替换为小块,类似于在网络中网络(NIN)体系结构中提出的用微型 NN 替换每层的想法。GoogleNet 对分割、变换和合并的想法的利用,有助于解决与学习同一图像类别中存在的各种类型的变体有关的问题。除了提高学习能力外,GoogleNet 的重点还在于提高 CNN 参数的效率。在采用大尺寸内核之前,GoogleNet 通过使用 1×1 卷积滤波器添加瓶颈层来调节计算。它使用稀疏连接(并非所有输出特征图都连接到所有输入特征图),从而通过省略不相关的特征图(通道)来克服冗余信息和降低成本。此外,其通过在最后一层使用全局平均池来代替连接层,从而降低了连接密度。这些参数调整使参数量从 4 000 万个大大减少到 500 万个。应用的其他正则因素包括批量标准化和使用 RmsProp 作为优化器。GoogleNet 还引入了辅助学习器的概念以加快收敛速度。但是，GoogleNet 的主要缺点是其异构拓扑，需要在模块之间进行自定义。GoogleNet 的另一个限制是表示瓶颈，它极大地减少了下一层的特征空间，因此有时可能会导致有用信息的丢失。

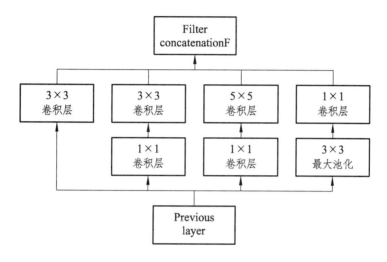

图 8-14　Inception 模块结构图

8.4.6　Highway Networks

基于直觉，可以通过增加网络深度来提高学习能力。2015 年，Srivastava 等人提出了一个名为 Highway Networks（高速神经网络）的深层 CNN。与深度网络有关的主要问题是训练慢和收敛慢。Highway Networks 通过引入新的跨层连接，利用深度来学习丰富的特征表示。因此，Highway Networks 也被归类为基于多路径的 CNN 体系结构。在 ImageNet 数据集上，具有 50 层的 Highway Networks 的收敛速度要好于薄而深的架构。Srivastava 等人的实验表明，添加 10 层以上的隐藏单元后，普通网络的性能会降低。另外，即使深度为 900 层，Highway Networks 的收敛速度也比普通网络快得多。

8.4.7　ResNet

ResNet 由 He 等人提出，被认为是 Deep Nets 的延续。ResNet（见图 8-15）通过在 CNN 中引入残差学习的概念彻底改变了 CNN 架构竞赛，并设计了一种有效的方法来训练深度 Nets。与 Highway Networks 类似，它属于基于多路径的 CNN。ResNet 提出了 152 层深度 CNN，赢得了 2015-ILSVRC 竞赛。ResNet 残差块的体系结构比 AlexNet 和 VGG 深 20 倍和 8 倍，ResNet 比以前提出的 Nets 表现出更少的计算复杂性。He 等人根据经验表明，具有 50/101/152 层的 ResNet 在图像分类任务上的错误少于 34 层的单纯 Net。此外，ResNet 在著名的图像识别基准数据集 COCO 上提高了 28%。ResNet 在图像识别和定位任务上的良好性能表明，深度对于许多视觉识别任务至关重要。

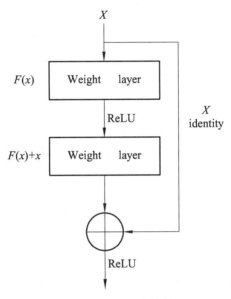

图 8-15　ResNet 残差单元

每个 Residual 是通过一个 shortcut connection 来实现。通过 shortcut 将这个 block 的输入和输出进行一个 element-wise 的加叠，这个简单的加法并不会给网络增加额外的参数和计算量，同时却可以大大增加模型的训练速度，提高训练效果，并且当模型的层数加深时，这个简单的结构能够很好地解决退化问题。下面简单从数学角度介绍一下残差学习单元。残差单元表示如下：

$$y_l = h(x_l) + F(x_l, \omega_l)$$

$$x_{l+1} = \phi(y_l)$$

式中，x_l 和 x_{l+1} 分别表示第 l 个残差单元的输入和输出，每个残差单元包含多层；F 是残差函数，表示学习到的残差；$h(x_l) = x_l$ 表示恒等映射；ϕ 是 ReLU 激活函数。于是从浅层 l 到深层 L 的学习特征为

$$x_L = x_l + \sum_{i=l}^{L-1} F(x_i, \omega_i)$$

8.4.8　Inception-V3, V4 与 Inception-ResNet

Inception-V3，V4 与 Inception-ResNet 是 Inception-V1 和 V2 的改进版本。Inception-V3 的想法是在不影响泛化的情况下降低更深 Nets 的计算成本。为此，Szegedy 等用小型非对称滤波器（1×7 和 1×5）替换大型滤波器（5×5 和 7×7），并在大型过滤器之前使用 1×1 卷积作为瓶颈，这使得传统的卷积运算更像跨通道相关的。在以前的工作中，林等充分利用了 1×1 滤波器在 NIN 架构中的潜力。Szegedy 等以一种智能的方式使用了相同的概念。在 Inception-V3 中，使用了 1×1 卷积运算，该运算将输入数据映射到小于原始输入空间的 3 或 4 个独立空间中，然后通过常规 3×3 或 5×5 卷积映射这些较小的 3D 空间中的所有相关性。在 Inception-ResNet 中，Szegedy 等人结合了残差学习和 Inception 块的作用。这样做时，滤波器级联被残差连接代替。此外，Szegedy 等实验表明，带有残差连接的 Inception-V4（Inception-ResNet）具有与普通 Inception-V4 相同的泛化能力，但深度和宽度增加了。但是，他们观察到 Inception-ResNet 的收敛速度比 Inception-V4 更快，这清楚地说明了使用残差连接进行训练会显著加快对 Inception 网络的训练。

8.4.9　ResNext

ResNext，也称为聚合残差变换网络，是对 Inception 网络的改进。Xie 等人通过引入 cardinality（基数）的概念，以强大而简单的方式利用了分割、变换和合并。cardinality 是一个附加维，它是指转换集的大小。Inception

网络不仅提高了传统 CNN 的学习能力，而且使网络资源有效。但是，由于在转换分支中使用了多种空间嵌入（例如使用 3×3、5×5 和 1×1 滤波器），因此需要分别自定义每一层。实际上，ResNext 从 Inception，VGG 和 ResNet 中得出了特征。ResNext 通过将 split, transform 和 merge 块中的空间分辨率固定为 3×3 滤波器，利用了 VGG 的深度同质拓扑和简化的 GoogleNet 架构，还使用了残差学习。ResNext 在 split, transform 和 merge 块中使用了多个转换，并根据 cardinality 定义了这些转换。Xie 等人（2017）表明，cardinality 的增加显著改善了性能。ResNext 的复杂度是通过在 3×3 卷积之前应用低嵌入（1×1 滤波器）来调节的。

8.5　深度学习的网络优化与正则化

8.5.1　网络优化

网络优化包括了模型选择和参数优化，其改善方法分为以下几个方面：

（1）使用更有效的优化算法来提高梯度下降优化方法的效率和稳定性。如动态学习率调整、梯度估计修正等。

（2）使用更好的参数初始化方法、数据预处理方法来提高优化效率。

（3）修改网络结构来得到更好的优化地形。如使用 ReLU 激活函数、残差连接、逐层归一化等。

（4）使用更好的超参数优化方法。

8.5.2　正则化

机器学习的核心问题是如何使学习算法不仅在训练样本上表现良好，而且在新数据上或测试集上同时奏效。学习算法在新数据上的这样一种表现我们称之为模型的泛化能力。如果一个学习算法在训练集表现优异，同时在测试集依然工作良好，可以说该学习算法有较强的泛化能力。若某算法在训练集表现优异，但是在测试集却非常糟糕，我们就说这样的学习并没有泛化能力，这种现象也叫作过拟合（overfitting）。如何避免过拟合？

我们可以使用正则化的技术来防止过拟合的情况。正则化是机器学习中通过显示的控制模型复杂度来避免模型过拟合，确保泛化能力的一种有效方式。许多浅层学习器（如支持向量机等）为了提高泛化能力往往都需要依赖模型的正则化，深度学习也应如此。深度模型的正则化可以说是整个深度模型搭建的最后一步，更是不可或缺的一步。下面将介绍 5 种实践中常用的卷积神经网络的正则化方法。

1. L2 正则化

L2 正则化和 L1 正则化都是机器学习中最常见的模型正则化方式。深度模型中也常用两者对操作层（如卷积层，分类层）进行正则化，约束模型复杂度。假设待正则化的网络层参数为 ω，则 L2 正则项形式为

$$L2 = \frac{1}{2} \lambda \|\omega\|_2^2$$

式中，λ 用来调整正则项的大小，大的 λ 取值将较大程度地约束模型复杂度，小的 λ 取值将较小地约束模型复杂度。在具体应用上，一般将正则项加入目标函数，通过整体目标函数的误差反向传播来达到正则项影响和指导网络训练的目的。

2. L1 正则化

类似地，对于待正则化的网络参数 ω，L1 正则化形式为

$$L1 = \lambda \|\omega\|_1 = \lambda \sum_i |\omega_i|$$

L1 正则化不仅能约束参数数量级，还能对参数稀疏化。稀疏的结果是优化后的参数一部分为 0，另一部分为非 0 实值。此外，L2 和 L1 正则化也可联合使用，称为"Elastic 网络正则化"，其形式为

$$\lambda_1 \|\omega\|_1 + \lambda_2 \|\omega\|_2^2$$

3. 最大范数约束

最大范数约束（Max Norm Constraints）是指通过向参数量级的范数设

置上限对网络进行正则化的方式，如下所示：

$$\|\omega\|_2 \leqslant C \|\omega\|_2 \leqslant C$$

4. 随机失活

随机失活（Dropout）是目前几乎配备全连接层的深度卷积神经网络都在使用的网络正则化方法。Dropout 在约束网络复杂度的同时，还是一种针对深度模型的高效集成学习方法。在传统神经网络中，由于神经元之间的相连，对于某个神经元来说，其反向传播来的梯度信息同时也受其他神经元的影响，这就是所谓的"复杂协同适应"效应。随机失活的提出，在一定程度上缓解了神经元之间的复杂协同适应，降低了神经元的依赖，避免了网络过拟合发生。主要原理：对于某层神经元，在训练阶段均以概率 p 随机将该神经元权重设置为 0，在测试阶段所有神经元均呈激活状态，但其权重需要乘以 $(1-p)$ 以保证训练和测试阶段各自权重拥有相同的期望。由于失活的神经元无法参与到网络的训练，因此每次训练（前向操作和反向操作时相当于面对一个全新的网络）。比如以两层结构、各层有 3 个神经元的简单神经网络为例，若每层随机失活一个神经元，该网络共可产生 9 种子网络。测试阶段则相当于 9 个子网络的平均集成。

5. 验证集的使用

在模型训练前可从训练集数据随机划分出一个子集，称为验证集，用以在训练阶段评测模型预测能力。一般在每一轮或每一个批处理训练后在该训练集和验证集上分别做网络前向运算，预测训练集和验证集样本标记。以模型的分类准确率为例子，模型在训练集和验证集上学习率如图 8-16（a）所示，验证集准确率一直低于训练集上的准确率，但无明显下降趋势，这说明模型复杂度欠缺，模型表示能力有限，属于欠拟合状态。对此，可通过增加层数，调整激活函数增加网络非线性，减少模型正则化等措施增大网络复杂度。相反，若验证集曲线不仅低于训练集，且随着训练轮数增长有明显下降趋势[见图 8-16（b）]，说明已经出现过拟合，此时应该增大模型正则化，削弱网络复杂度。

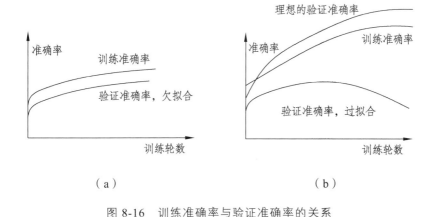

（a）　　　　　　　　　　　（b）

图 8-16　训练准确率与验证准确率的关系

8.6　深度学习的应用

深度学习已广泛应用于 ML 的各领域。我们对卷积神经网络 CNN 在自然语言处理、计算机视觉领域的应用进行介绍。

8.6.1　自然语言处理

自然语言处理是指将人类语言转换为任何计算机都可以轻松识别利用的形式。随着互联网的快速发展，用户生成的文本呈爆炸式增长，进一步为自然语言处理带来了应用需求。随着自然语言处理研究的不断进步，也为人们更深刻地理解语言机制提供了一种新的途径，因此具有重要的科学意义。目前比较流行的自然语言处理技术是统计自然语言处理。一个统计自然语言处理系统通常由两部分组成，即训练数据（也称样本）和统计模型（也称算法）。但是，传统的机器学习方法在数据获取和模型构建等诸多方面都存在严重的问题：首先，需要获得大规模的标注数据，但人工标注数据会带来严重的数据稀疏问题；其次，在传统的自然语言处理模型中，通常需要人工设计模型需要的特征和特征组合，但这种人工设计特征的方式会消耗大量的人力和时间，即便如此也往往很难获得有效的特征。

深度学习主要为自然语言处理的研究带来了两方面的变化：一方面是

使用统一的分布式（低维、稠密、连续）向量表示不同粒度的语言单元，如词、短语、句子和篇章等；另一方面是使用循环、卷积、递归等神经网络模型对不同的语言单元向量进行组合，获得更大语言单元的表示。除了不同粒度的单语语言单元外，不同种类的语言甚至不同模态（语言、图像等）的数据都可以通过类似的组合方式表示在相同的语义向量空间中，然后通过在向量空间中的运算来实现分类、推理、生成等各种任务并应用于各种相关的任务之中。自然语言本质上是符号化的，因此人们最开始也尝试使用符号化的方式处理语言，即基于逻辑、规则以及本体的方法。事实上，如今自然语言处理的主流方法都是基于统计机器学习的。过去十几年，核心的 NLP 技术都是以有监督学习的线性模型为主导，核心算法如感知机、线性支持向量机、逻辑回归等都是在非常高维和稀疏的特征向量上进行训练的。2014 年左右，该领域开始看到一些从基于稀疏向量的线性模型向基于稠密向量的非线性神经网络模型（Nonlinear Neural Network Model）切换的成功案例。一些神经网络技术是线性模型的简单推广，可用于替代线性分类器。另一些神经网络技术更进一步提出了新的建模方法，这需要改变现有的思维方式。特别是一系列基于循环神经网络（Recurrent Neural Network，RNN）的方法，减轻了对马尔科夫假设的依赖性，这曾普遍用于序列模型中。循环神经网络可以处理任意长度的序列数据，并生成有效的特征抽取器。这些进展导致了语言模型、自动机器翻译以及其他一些应用的突破。

8.6.2 计算机视觉

计算机视觉（CV）主要开发可以处理包括图像和视频在内的视觉数据并可以有效地理解和提取有用信息的人工系统。计算机视觉主要包括图像识别、姿态估计、行为识别等多个领域。最近有关面部识别的研究正在致力于即使原始图像发生很大变化也能识别出来。这种变化是由照明、姿势变化和不同的面部表情引起的。Farfade 等提出了深层 CNN，用于检测来自不同姿势的面部并且还能够识别被遮挡的面部。在另一项工作中，Zhang

等人使用新型的多任务级联 CNN 进行人脸检测。当与最新技术进行比较时，Zhang 的技术显示出良好的效果。由于人体姿势的高度可变性，人体姿势估计是与 CV 相关的挑战性任务之一。Li 等人提出了一种基于异构深度 CNN 的姿态估计相关技术。根据 Li 的技术，经验结果表明，隐藏的神经元能够学习身体的局部部位。同样，Bulat 等人提出了另一种基于级联的 CNN 技术。在其级联体系结构中，第一阶段检测热力图，而在第二阶段，对检测到的热力图执行回归。动作识别是活动识别的重要领域之一。开发动作识别系统的困难在于解决属于同一动作类别的不同模式中特征的平移和扭曲。早期的方法包括运动历史图像的构造，隐马尔可夫模型的使用，动作草图的生成等。近来，Wang 等人提出了一种结合 LSTM 的三维 CNN 架构，用于识别视频帧中的不同动作。实验结果表明，Wang 的技术优于最新的基于动作识别的技术。同样，Ji 等人提出了另一种基于三维 CNN 的动作识别系统。在 Ji 的工作中，三维 CNN 用于从多个输入帧通道中提取特征。最新动作识别模型是在提取的组合特征空间上开发的。所提的三维 CNN 模型以有监督的方式进行训练，并且能够在现实世界的应用程序中执行活动识别。

8.7　深度学习的进一步研究方向

尽管深度学习比其他机器学习算法有了更快的发展，成为了人工智能多个领域广泛应用的技术，但是它仍然有很多局限性，比如需要更多的数据，容量有限，不能处理层次结构，无法进行开放式推理，不能充分透明，不能与先验知识集成，不能区分因果关系。所以，深度学习还有很多方面值得去研究，我们也可以研究让机器变得更聪明的学习方法，将其应用到生产和生活的各个方面。对于 CNN 我们可以从集成学习、基于注意力的图像识别、深度 CNN 的超参数学习等方面做出新的研究。我们需要重新概念化，在非监督学习、符号操作和混合模型研究方面开拓新思路，从认知科学和心理学中获得见解，并迎接更大的挑战。

8.8　小　结

本章系统研究了深度学习的理论与应用前景；阐述了深度学习的概念，让大家认识到深度学习是机器学习算法的一个重要研究领域，是实现特征表征的快速算法；介绍了深度学习的基本算法，以卷积神经网络为示例剖析深度学习基本结构及其实现路径；给出了卷积神经网络 LeNet、Alexnet、ResNext 等九种典型结构，让我们掌握了构建自己的CNN网络的基本思路。

8.9　参考文献

[1] ABBAS Q, IBRAHIM MEA, JAFFAR MA. A comprehensive review of recent advances on deep vision systems[J]. Artif Intell Rev, 2019, 52:39-76. doi: 10.1007/s10462-018-9633-3.

[2] ABDEL-HAMID O, DENG L, YU D. Exploring convolutional neural network structures and optimization techniques for speech recognition [C]// Interspeech. 2013: 1173-1175.

[3] ABDEL-HAMID O, MOHAMED AR, JIANG H, PENN G. Applying convolutional neural networks concepts to hybrid NN-HMM model for speech recognition[C]//ICASSP, IEEE Int Conf Acoust Speech Signal Process Proc. 2012: 4277-4280. doi: 0.1007/978-3-319-96145-3_2.

[4] ABDELJABER O, AVCI O, KIRANYAZ S, et al. Real-time vibration-based structural damage detection using one-dimensional convolutional neural networks[J]. J Sound Vib, 2017. doi: 10.1016/j.jsv.2016. 10.043.

[5] ABDULKADER A. Two-tier approach for Arabic offline handwriting recognition[C]//Tenth International Workshop on Frontiers in Handwriting Recognition Based Deep Churn Prediction System for Telecom Industry. 2006: 1-10.

[6] AKAR E, MARQUES O, ANDREWS WA, FURHT B. Cloud-Based Skin Lesion Diagnosis System Using Convolutional Neural Networks[C]//

Intelligent Computing-Proceedings of the Computing Conference. 2019: 982-1000.

[7] AMER M, MAUL T. A review of modularization techniques in artificial neural networks[J]. Artif Intell Rev, 2019, 52:527-561. doi: 10.1007/s10462-019-09706-7.

[8] AURISANO A, RADOVIC A, ROCCO D, et al. A convolutional neural network neutrino event classifier[J]. J Instrum, 2016. doi: 10.1088/1748-0221/11/09/P09001.

[9] AZIZ A, SOHAIL A, FAHAD L, et al. Channel Boosted Convolutional Neural Network for Classification of Mitotic Nuclei using Histopathological Images[C]//2020 17th International Bhurban Conference on Applied Sciences and Technology (IBCAST). 2020: 277-284.

[10] BADRINARAYANAN V, KENDALL A, CIPOLLA R. SegNet: A Deep Convolutional Encoder-Decoder Architecture for Image Segmentation[J]. IEEE Trans Pattern Anal Mach Intell, 2017. doi: 10.1109/TPAMI.2016.2644615.

[11] BATMAZ Z, YUREKLI A, BILGE A, KALELI C. A review on deep learning for recommender systems: challenges and remedies[J]. Artif Intell Rev 2019, 52:1-37. doi: 10.1007/s10462-018-9654-y Bay H, Ess A, Tuytelaars T, Van Gool L (2008) Speeded-Up Robust Features (SURF).

[12] BENGIO Y. Learning Deep Architectures for AI[J]. Found Trends® Mach Learn, 2019, 2:1-127. doi: 10.1561/2200000006.

[13] BENGIO Y. Deep learning of representations: Looking forward[C]//International Conference on Statistical Language and Speech Processing. Springer, 2013: 1-37.

[14] BENGIO Y, COURVILLE A, VINCENT P. Representation learning: A review and new perspectives[J]. IEEE Trans Pattern Anal Mach Intell 2013, 35:1798-1828. doi: 10.1109/TPAMI.2013.50.

[15] BENGIO Y, LAMBLIN P, POPOVICI D, LAROCHELLE H. Greedy layer-wise training of deep networks[C]//Advances in neural information processing systems. The MIT Press, 2007: 153-160.

[16] BERG A, DENG J, FEI-FEI L. Large scale visual recognition challenge [J]. 2010.

[17] BETTONI M, URGESE G, KOBAYASHI Y, et al. A Convolutional Neural Network Fully Implemented on FPGA for Embedded Platforms[J]. 2017: 49-52. doi: 10.1109/NGCAS.2017.16.

[18] BHUNIA A K, KONWER A, BHUNIA A K, et al. Script identification in natural scene image and video frames using an attention based Convolutional-LSTM network[J]. Pattern Recognit, 2019, 85:172-184.

[19] BOUREAU Y. Icml2010B.Pdf. DOI: citeulike-article-id: 8496352.

[20] BOUVRIE J. 1 Introduction Notes on Convolutional Neural Networks[J]. 2006. doi: http://dx.doi.org/10.1016/j.protcy.2014.09.007.

[21] BULAT A, TZIMIROPOULOS G. Human Pose Estimation via Convolutional Part. 2016.

[22] LEIBE B, MATAS J, SEBE N, WELLING M. Heatmap Regression BT - Computer Vision - ECCV 2016. Springer International Publishing, Cham, 2016: 717-732.

[23] CAI Z, VASCONCELOS N. Cascade R-CNN: High Quality Object Detection and Instance Segmentation[J]. IEEE Trans Pattern Anal Mach Intell, 2019. DOI: 10.1109/tpami.2019.2956516.

[24] CHAPELLE O. Support vector machines for image classification[J]. Stage deuxième année magistère d'informatique l'École Norm Supérieur Lyon. 1998, 10:1055-1064. DOI: 10.1109/72.788646.

[25] CHELLAPILLA K, PURI S, SIMARD P. High performance convolutional neural networks for document processing[C]//Tenth International Workshop on Frontiers in Handwriting Recognition. 2006.

[26] CHEN W, WILSON J T, TYREE S, et al. Compressing neural networks with the hashing trick[C]//32nd International Conference on Machine Learning. ICML 2015.

[27] CHEN Y N, HAN C C, WANG C T, et al. The application of a convolution neural network on face and license plate detection[C]// Pattern Recognition. ICPR, 2006: 552-555.

[28] CHEVALIER M, THOME N, CORD M, et al. LR-CNN for fine-grained classification with varying resolution[C]//2015 IEEE International Conference on Image Processing (ICIP). IEEE, 2015: 3101-3105.

[29] CHOLLET F. Xception: Deep learning with depthwise separable convolutions[J]. arXiv Prepr, 2017: 1610-2357.

[30] CHOUHAN N, KHAN A. Network anomaly detection using channel boosted and residual learning based deep convolutional neural network[J]. Appl Soft Computing, 2019: 105612

[31] CIRESAN D, GIUSTI A, GAMBARDELLA L M, SCHMIDHUBER J. Deep neural networks segment neuronal membranes in electron microscopy images[C]//Advances in neural information processing systems. 2012: 2843-2851.

[32] CIREŞN D, MEIER U, MASCI J, SCHMIDHUBER J. Multi-column deep neural network for traffic sign classification[J]. Neural Networks, 2012, 32:333-338. DOI: 10.1016/j.neunet.2012.02.023.

[33] CIRESAN D C, CIRESAN D C, MEIER U, SCHMIDHUBER J. Multi-column deep neural networks for image classification[J]. IEEE Comput Soc Conf Comput Vis Pattern Recognit, 2018.

[34] CIREŞN D C, GIUSTI A, GAMBARDELLA L M, SCHMIDHUBER J. Mitosis Detection in Breast Cancer Histology Images with Deep Neural Networks BT-Medical Image Computing and Computer-Assisted Intervention-MICCAI 2013[C]//Proceedings MICCAI. 2013: 411-418.

[35] CIRESAN D C, MEIER U, GAMBARDELLA L M, SCHMIDHUBER J. Deep, Big, Simple Neural Nets for Handwritten[J]. Neural Comput, 2010, 22:3207-3220.

[36] CIREŞN D C, MEIER U, MASCI J, et al. High-Performance Neural Networks for Visual Object Classification[J]. arXiv Prepr arXiv, 2017: 11020183.

[37] COLLOBERT R, WESTON J. A unified architecture for natural language processing: Deep neural networks with multitask learning[C]// Proceedings of the 25th international conference on Machine learning. ACM, 2008: 160-167.

[38] CSÁJI B. Approximation with artificial neural networks[J]. MSc thesis 2001, 45. DOI: 10.1.1.101.2647.

[39] DAHL G, MOHAMED A, HINTON G E. Phone recognition with the mean-covariance restricted Boltzmann machine[C]//Advances in neural information processing systems. 2010: 469-477.

[40] DAHL G E, SAINATH T N, HINTON G E. Improving deep neural networks for LVCSR using rectified linear units and dropout[C]// Acoustics, Speech and Signal Processing (ICASSP). 2013 IEEE International Conference on, 2013: 8609-8613.

[41] DAI J, LI Y, HE K, SUN J. R-FCN: Object Detection via Region-based Fully Convolutional Networks. 2016. DOI: 10.1016/j.jpowsour. 2007.02. 075.

[42] DALAL N, TRIGGS W. Histograms of Oriented Gradients for Human Detection[C]//2005 IEEE Comput Soc Conf Comput Vis Pattern Recognit CVPR05 1:886-893. DOI: 10.1109/CVPR.2005.177.

[43] DAUPHIN Y N, DE VRIES H, BENGIO Y. Equilibrated adaptive learning rates for non-convex optimization[J]. Adv Neural Inf Process Syst, 2015: 1504-1512.

[44] DAUPHIN Y N, FAN A, AULI M, GRANGIER D. Language modeling with gated convolutional networks[C]//Proceedings of the 34th International Conference on Machine Learning. 2017, 70: 933-941.

[45] DE VRIES H, MEMISEVIC R, COURVILLE A. Deep learning vector quantization[C]//European Symposium on Artificial Neural Networks, Computational Intelligence and Machine Learning. 2016.

[46] DECOSTE D, SCHÖLKOPF B. Training invariant support vector machines[J]. Mach Learn, 2002, 46:161-190

[47] DELALLEAU O, BENGIO Y. Shallow vs. deep sum-product networks [C]//Advances in Neural Information Processing Systems. 2011: 666-674.

[48] DENG L. The MNIST database of handwritten digit images for machine learning research [best of the web][J]. IEEE Signal Process Mag, 2012, 29:141-142.

[49] DENG L, YU D, DELFT B. Deep Learning: Methods and Applications Foundations and Trends R in Signal Processing[J]. Signal Processing, 2013, 7: 3-4. DOI: 10.1561/2000000039.

[50] DO M N, VETTERLI M. The contourlet transform: an efficient directional multiresolution image representation[J]. IEEE Trans image Process, 2005, 14:2091-2106.

[51] DOLLÁR P, TU Z, PERONA P, BELONGIE S. Integral channel features, 2009.

[52] DONAHUE J, ANNE HENDRICKS L, GUADARRAMA S, et al. Long-term recurrent convolutional networks for visual recognition and description[C]//Proceedings of the IEEE conference on computer vision and pattern recognition. 2015: 2625-2634.

[53] DONG C, LOY C C, HE K, TANG X. Image super-resolution using deep convolutional networks[J]. IEEE Trans Pattern Anal Mach Intell, 2016,

38:295-307.

[54] ERHAN D, BENGIO Y, COURVILLE A, VINCENT P. Visualizing higher-layer features of a deep network[J]. Univ Montr, 2009, 1341:1.

[55] FARFADE S S, SABERIAN M J, LI L J. Multi-view Face Detection Using Deep Convolutional Neural Networks[C]//Proceedings of the 5th ACM on International Conference on Multimedia Retrieval - ICMR'15. New York: ACM Press, 2015: 643-650.

[56] FASEL B. Facial expression analysis using shape and motion information extracted by convolutional neural networks[C]// Neural Networks for Signal Processing. Proceedings of the 2002 12th IEEE Workshop on, 2002: 607-616.

[57] FRIZZI S, KAABI R, BOUCHOUICHA M, et al. Convolutional neural network for video fire and smoke detection[C]//IECON 2016-42nd Annual Conference of the IEEE Industrial Electronics Society. IEEE, 2016: 877-882.

[58] FROME A, CHEUNG G, ABDULKADER A, et al. Large-scale privacy protection in Google Street View[C]//Proceedings of the IEEE International Conference on Computer Vision. 2009.

[59] FROSST N, HINTON G. Distilling a neural network into a soft decision tree[C]// CEUR Workshop Proceedings. 2018.

[60] 魏秀参. 解析深度学习—卷积神经网络原理与视觉实践[M]. 北京: 电子工业出版社，2018.

[61] MINARET M R, NAHER J. Recent Advances in Deep Learing:An Overview.https://doi.org/10.48550/arXiv.1807.08169.

第 9 章

推荐算法优化及应用

推荐算法具有非常多的应用场景和商业价值，因此研究推荐算法具有重要意义。推荐算法种类很多，主要分为以下几种：基于内容的推荐算法，基于图的推荐算法，基于协同过滤的推荐算法等。本文将对这些内容进行简要介绍。

9.1 基于内容的推荐算法

基于内容的推荐算法大多应用于文本信息推荐领域，一般依赖于自然语言处理（NLP）的一些知识，通过挖掘文本的 TF-IDF 特征向量，来得到用户的偏好，进而做出推荐。其基本问题包括用户兴趣的建模与更新以及相似性计算方法。

假设 N 表示可推荐的所有文本总数，s_i 表示特征词 w_i 在所有文本中出现的频次，$f_{i,j}$ 表示特征词 w_i 在文本 d_j 中的频次。那么 $TF_{i,j}$ 可定义为

$$TF_{i,j} = \frac{f_{i,j}}{\max f_{z,j}} \tag{9-1}$$

式中，$\max f_{z,j}$ 表示文本 d_j 中的特征词出现的最大值。

TF 反映了在一个文本中，一个特征词出现的频率越高，那么该特征词越重要。然而，如果过一个特征词反复出现在不同的文本中，则说明该特征词不具备较强的区分性，也就越不重要。

$$IDF_i = \log \frac{N}{s_i} \tag{9-2}$$

则特征词 w_i 在文档 d_j 中的 $TF-IDF$ 定义为

$$TF-IDF_{i,j} = TF_{i,j} * IDF_i \tag{9-3}$$

通过式（9-3）确定了特征词 w_i 在文本 d_j 中的 $TF-IDF$ 值（也称为权重）之后，文本 d_j 表示为向量形式，即

$$d_j = \{< t_{1,j}, TF-IDF_{1,j} >, < t_{2,j}, TF-IDF_{1,j} >, \cdots, < t_{n,j}, TF-IDF_{n,j} >\}$$

式中，$t_{i,j}$ 是文本 d_j 中第 i 个特征词，$TF-IDF_{i,j}$ 表示第 i 个特征词的权值。

在推荐系统中，待推荐的文本与输入文本进行比较，将最佳匹配结果推荐给用户。计算两个文本的相似度 $u(a,b)$，常用 Cosine 算法，即

$$u(a,b) = \cos(TF-IDF_a, TF-IDF_b)$$
$$= \frac{TF-IDF_a * TF-IDF_b}{\|TF-IDF_a\| * \|TF-IDF_b\|}$$
$$= \frac{\sum_{i=1}^{K} TF-IDF_{i,a} TF-IDF_{i,b}}{\sqrt{\sum_{i=1}^{K} TF-IDF_{i,a}^2} \sqrt{\sum_{i=1}^{K} TF-IDF_{i,b}^2}}$$

式中，K 是特征词的总数。

9.2 基于图的推荐算法

基于图的推荐算法主要基于资源分配矩阵的二部图算法、随机游走的二部图算法等，主要原理如下：

S1：假设现有 M 个用户和 N 个视频构成的推荐系统，该系统可以形成一个二部图，如图 9-1 所示。

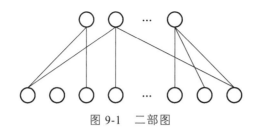

图 9-1　二部图

S2：建立矩阵，用户的相似度可以通过两次资源分配得出，即视频到视频的一次资源分配、用户到视频的一次资源分配。视频 j 到视频 i 的资源分配权重 w_{ij} 计算公式如下：

$$w_{ij} = \frac{1}{B_j} \sum_{k=1}^{M} \frac{a_{ik} a_{jk}}{B_k}$$

式中，B_j 表示视频 j 被多少用户看过，B_k 表示第 k 个用户看过的视频的总数。由此，可得到矩阵 $\boldsymbol{W} = (w_{ij})_{N \times N}$。

S3：针对给定的目标用户 u，确定其初始资源分配，记为 $p'_u = Wp_u$，$p_u = (a_{1u}, a_{2u}, \cdots, a_{Nu})$，若用户看过视频，则记为 $a_{iu} = 1$，否则记为 $a_{iu} = 0$。最终资源分配可由下式计算：

$$p'_u = Wp_u$$

S4：生成推荐表，根据最终资源分配 p'_u 生成推荐列表，即对 p'_u 中用户没有看过的元素按照大小进行排序，选择 top_N 推荐给该用户。

基于图的推荐算法，需要对整个二部图不断迭代，时间复杂化度高，占用内存大，生成推荐结果耗时长。

9.3　基于关联算法的协同过滤

一般我们可以找出用户购买的所有物品数据里频繁出现的项集活序列，来做频繁集挖掘，找到满足支持度阈值的关联物品的频繁 N 项集或者序列。如果用户购买了频繁 N 项集或者序列里的部分物品，那么我们可以将频繁项集或序列里的其他物品按一定的评分准则推荐给用户，这个评分准则可以包括支持度、置信度和提升度等。

9.3.1 Apriori 算法

Apriori 算法是常用的用于挖掘出数据关联规则的算法，用来找出数据值中频繁出现的数据集合，找出的这些集合模式有助于我们做一些决策。比如在常见的超市购物数据集或者电商的网购数据集中，如果我们找到了频繁出现的数据集，那么对于超市，我们可以优化产品的位置摆放，对于电商，我们可以优化商品所在的仓库位置，达到节约成本，增加经济效益的目的。

1. 频繁项集的评估标准

什么样的数据才是频繁项集呢？我们一般会认为一起出现次数多的数据集就是频繁项集，但是有两个问题，第一是当数据量非常大的时候，我们没法通过直接观察发现频繁项集，这催生了关联规则挖掘的算法，比如 Apriori，PrefixSpan，CBA；第二是我们缺乏一个频繁项集的标准，比如10 条记录，里面 A 和 B 同时出现了 3 次，那么我们能不能肯定 A 和 B 一起构成频繁项集呢？因此我们需要一个评估频繁项集的标准。

常用的频繁项集的评估标准有支持度、置信度和提升度 3 个。

支持度就是几个关联的数据在数据集中出现的次数占总数据集的比重，或者说几个数据关联出现的概率。如果我们有两个想分析关联性的数据 X 和 Y，则对应的支持度为

$$Support(X,Y) = P(XY) = \frac{number(XY)}{num(Allsamples)}$$

以此类推，如果我们有三个想分析关联性的数据 X，Y 和 Z，则对应的支持度为

$$Support(X,Y,Z) = P(XYZ) = \frac{number(XYZ)}{num(Allsamples)}$$

一般来说，支持度高的数据不一定构成频繁项集，但是支持度太低的

数据肯定不构成频繁项集。

置信度体现了一个数据出现后，另一个数据出现的概率，或者说数据的条件概率。如果我们有两个想分析关联性的数据 X 和 Y，其置信度为

$$Confidence(X \Leftarrow Y) = P(X \mid Y) = P(XY) / P(Y)$$

一般来说，要选择一个数据集合中的频繁数据集，则需要自定义评估标准。最常用的评估标准是用自定义的支持度，或者是自定义支持度和置信度的一个组合。

2. Apriori 算法思想

对于 Apriori 算法，我们使用支持度来作为我们判断频繁项集的标准。Apriori 算法的目标是找到最大的 K 项频繁集。这里有两层意思，第一层是我们要找到符合支持度标准的频繁集，但是这样的频繁集可能有很多；第二层意思就是我们要找到最大个数的频繁集。比如我们找到符合支持度的频繁集 AB 和 ABE，那么我们会抛弃 AB，只保留 ABE，因为 AB 是 2 项频繁集，而 ABE 是 3 项频繁集。那么具体地，Apriori 算法是如何做到挖掘 K 项频繁集的呢？

Apriori 算法采用了迭代的方法，先搜索出候选 1 项集及对应的支持度，剪枝去掉低于支持度的 1 项集，得到频繁 1 项集；然后对剩下的频繁 1 项集进行连接，得到候选的频繁 2 项集，筛选去掉低于支持度的候选频繁 2 项集，得到真正的频繁 2 项集；以此类推，迭代下去，直到无法找到频繁 $k+1$ 项集为止，对应的频繁 k 项集的集合即为算法的输出结果。

可见这个算法还是很简洁的，第 i 次的迭代过程包括扫描计算候选频繁 i 项集的支持度，剪枝得到真正频繁 i 项集和连接生成候选频繁 $i+1$ 项集 3 步。

下面举例说明，如图 9-2 所示。

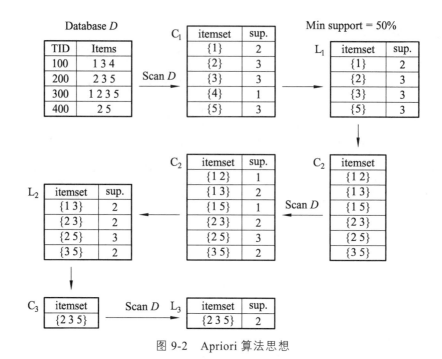

图 9-2 Apriori 算法思想

我们的数据集 D 有 4 条记录，分别是 134，235，1235 和 25。现在我们用 Apriori 算法来寻找频繁 k 项集，最小支持度设置为 50%。首先我们生成候选频繁 1 项集，包括我们所有的 5 个数据并计算 5 个数据的支持度，计算完毕后进行剪枝，数据 4 由于支持度只有 25% 被剪掉。我们最终的频繁 1 项集为 1235，现在我们链接生成候选频繁 2 项集，包括 12，13，15，23，25，35 共 6 组。此时我们的第一轮迭代结束。

进入第二轮迭代，我们扫描数据集计算候选频繁 2 项集的支持度，接着进行剪枝，由于 12 和 15 的支持度只有 25% 而被筛除，得到真正的频繁 2 项集，包括 13，23，25，35。现在我们链接生成候选频繁 3 项集，123，125，135 和 235 共 4 组，这部分在图中没有画出。通过计算候选频繁 3 项集的支持度，我们发现 123，125 和 135 的支持度均为 25%，因此接着被剪枝，最终得到的真正频繁 3 项集为 235 一组。由于此时我们无法再进行数据连接，进而得到候选频繁 4 项集，最终的结果即为频繁 3 三项集 235。

3. Apriori 算法流程

下面我们对 Apriori 算法流程做一个总结。

输入：数据集合 D，支持度阈值 α。

输出：最大的频繁 k 项集。

（1）扫描整个数据集，得到所有出现过的数据，作为候选频繁 1 项集。$k=1$，频繁 0 项集为空集。

（2）挖掘频繁 k 项集。

① 扫描数据计算候选频繁 k 项集的支持度。

② 去除候选频繁 k 项集中支持度低于阈值的数据集，得到频繁 k 项集。如果得到的频繁 k 项集为空，则直接返回频繁 $k-1$ 项集的集合作为算法结果，算法结束。如果得到的频繁 k 项集只有一项，则直接返回频繁 k 项集的集合作为算法结果，算法结束。

③ 基于频繁 k 项集，连接生成候选频繁 $k+1$ 项集。

（3）令 $k=k+1$，转入步骤（2）。

从算法的步骤可以看出，Apriori 算法每轮迭代都要扫描数据集，因此在数据集很大、数据种类很多的时候，算法效率很低。

4. Apriori 算法总结

Apriori 算法是一个非常经典的频繁项集的挖掘算法，很多算法都是基于 Apriori 算法而产生的，包括 FP-Tree，GSP，CBA 等。这些算法利用了 Apriori 算法的思想，但是对算法做了改进，数据挖掘效率会更好一些，因此现在一般很少直接用 Apriori 算法来挖掘数据了，但是理解 Apriori 算法是理解其他 Apriori 类算法的前提，同时算法本身也不复杂，因此值得好好研究一番。

9.3.2　FP Tree 算法

作为一个挖掘频繁项集的算法，Apriori 算法需要多次扫描数据，频繁地 I/O 是该算法的瓶颈。为了解决这个问题，FP Tree 算法（也称 FP Growth

算法）采用了一些技巧，无论多少数据，只需要扫描两次数据集，因此提高了算法运行的效率。下面我们对 FP Tree 算法做一个介绍。

1. 算法数据结构

首先，我们插入第一条数据 ACEBF，如图 9-3 所示。此时 FP 树没有节点，因此 ACEBF 是一个独立的路径，所有节点计数为 1，项头表通过节点链表链接上对应的新增节点。

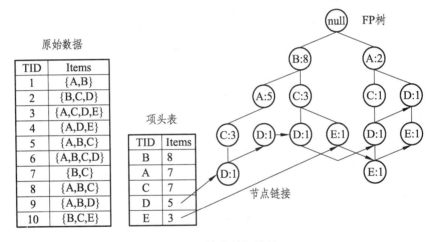

图 9-3　算法数据结构

第一部分是一个项头表。里面记录了所有的 1 项频繁集出现的次数，按照次数降序排列。比如图 9-3 中 B 在所有 10 组数据中出现了 8 次，因此排在第一位，这部分好理解。第二部分是 FP Tree，它将我们的原始数据集映射成了内存中的一棵 FP 树。第三部分是节点链表。所有项头表里的 1 项频繁集都是一个节点链表的头，它依次指向 FP 树中该 1 项频繁集出现的位置。这样做主要是方便项头表和 FP Tree 之间的联系查找和更新。

2. 项头表的建立

建立 FP 树时需要首先建立项头表。下面介绍项头表的建立过程。

我们第一次扫描数据，得到所有频繁一项集计数，然后删除支持度低于阈值的项，将 1 项频繁集放入项头表，并按照支持度降序排列。接着第二次也是最后一次扫描数据，在读到的原始数据中剔除非频繁 1 项集，并按照支持度降序排列。

　　下面结合例子来具体讲解。设有 10 条数据，首先第一次扫描数据并对 1 项集计数，发现 O, I, L, J, P, M, N 都只出现一次，支持度低于 20%的阈值，因此它们不会出现在下面的项头表中。剩下的 A, C, E, G, B, D, F 按照支持度的大小降序排列，组成了我们的项头表。

　　接着我们第二次扫描数据，对于每条数据剔除非频繁 1 项集，并按照支持度降序排列。比如数据项 ABCEFO，里面 O 是非频繁 1 项集，因此被剔除，只剩下了 ABCEF，再按照支持度的顺序排序，它变成了 ACEBF，其他的数据项以此类推。为什么要将原始数据集里的频繁 1 项数据项进行排序呢？这是为了后面 FP 树的建立时尽可能地共用祖先节点。

　　通过两次扫描，项头表已经建立，排序后的数据集也已经得到了，接下来再看看怎么建立 FP 树。

项头表

数据	支持度大于20%		排序后的数据集
A B C E F O	A:8		A C E B F
A C G	C:8		A C G
E I			E
A C D E G	E:8		A C E G D
A C E G L	G:5		A C E G
E J			E
A B C E F P	B:2		A C E B F
A C D	D:2		A C D
A C E G M			A C E G
A C E G N	F:2		A C E G

图 9-4　项头表的建立

3. FP Tree 的建立

　　有了项头表和排序后的数据集，我们就可以开始 FP 树的建立了，如图 9-5 所示。开始时 FP 树没有数据，建立 FP 树时我们一条条地读入排序后的数据集，插入 FP 树，插入时按照排序后的顺序插入 FP 树中，排序靠前的节点是祖先节点，靠后的是子孙节点。如果有共用的祖先，则对应的

智能算法优化及其应用

公用祖先节点计数加 1。插入后，如果有新节点出现，则项头表对应的节点会通过节点链表链接上新节点。直到所有的数据都插入到 FP 树后，FP树的建立完成。

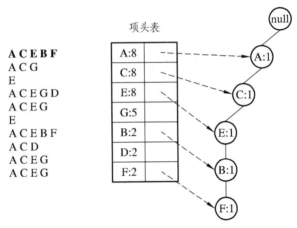

图 9-5 建立 FP 树

接着我们插入数据 ACG，如图 9-6 所示。由于 ACG 和现有的 FP 树可以有共有的祖先节点序列 AC，因此只需要增加一个新节点 G，将新节点 G的计数记为 1，同时 A 和 C 的计数加 1 成为 2。当然，对应的 G 节点的节点链表要更新。

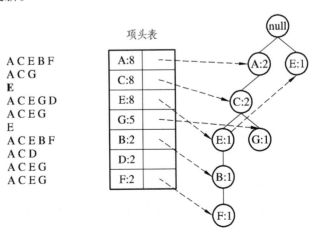

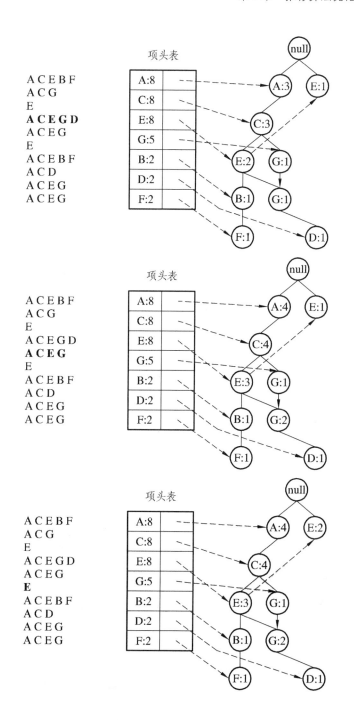

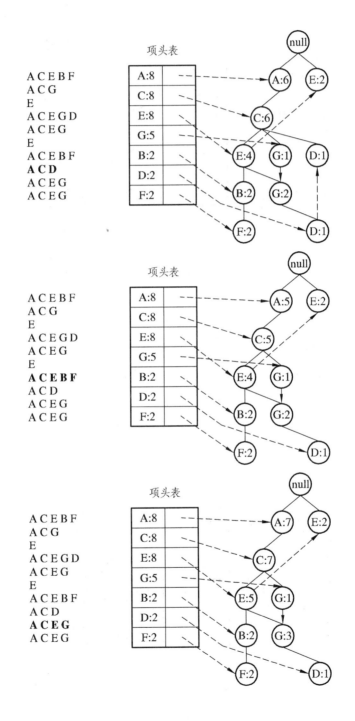

 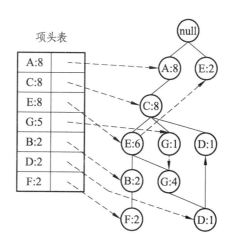

项头表

```
A C E B F
A C G
E
A C E G D
A C E G
E
A C E B F
A C D
A C E G
ACEG
```

图 9-6　插入数据

4. FP Tree 的挖掘

FP 树建立起来后，怎么去挖掘频繁项集呢？下面介绍如何从 FP 树里挖掘频繁项集。得到了 FP 树和项头表以及节点链表后，我们首先要从项头表的底部项依次向上挖掘。对于项头表中 FP 树的每一项，我们要找到它的条件模式基。所谓条件模式基是以我们要挖掘的节点作为叶子节点所对应的 FP 子树，得到这个 FP 子树后，我们将子树中每个节点的计数设置为叶子节点的计数，并删除计数低于支持度的节点。从这个条件模式基，我们就可以递归挖掘得到频繁项集了。

还是以上面的例子来讲解。我们看看先从最底下的 F 节点开始，来寻找 F 节点的条件模式基。由于 F 在 FP 树中只有一个节点，因此候选就只有图 9-7（a）所示的一条路径，对应{A:8，C:8，E:6，B:2，F:2}。我们接着将所有的祖先节点计数设置为叶子节点的计数，即 FP 子树变成{A:2，C:2，E:2，B:2，F:2}。一般我们的条件模式基可以不写叶子节点，因此最终的 F 的条件模式基如图 9-7（b）所示。

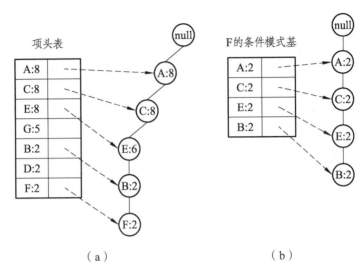

（a）   （b）

图 9-7　寻找 F 的条件模式基

通过它，我们很容易得到 F 的频繁 2 项集为{A:2，F:2}，{C:2，F:2}，{E:2，F:2}，{B:2，F:2}。递归合并 2 项集，得到频繁 3 项集为{A:2，C:2，F:2}，{A:2，E:2，F:2}…，还有一些频繁 3 项集，就不写了。当然一直递归下去，最大的频繁项集为频繁 5 项集，为{A:2，C:2，E:2，B:2，F:2}。

F 挖掘完了，我们开始挖掘 D 节点。D 节点比 F 节点复杂一些，因为它有两个叶子节点，因此首先得到的 FP 子树如图 9-8（a）所示。我们接着将所有的祖先节点计数设置为叶子节点的计数，即变成{A:2，C:2，E:1 G:1，D:1，D:1}，此时 E 节点和 G 节点由于在条件模式基里面的支持度低于阈值，被我们删除，最终在去除低支持度节点并不包括叶子节点后 D 的条件模式基为{A:2，C:2}。通过它，我们很容易得到 D 的频繁 2 项集为{A:2，D:2}，{C:2，D:2}。递归合并 2 项集，得到频繁 3 项集为{A:2，C:2，D:2}。D 对应的最大频繁项集为频繁 3 项集。

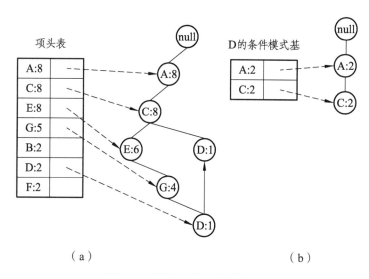

图 9-8　寻找 D 的条件模式基

同样的方法可以得到 B 的条件模式基，如图 9-9（b）所示。递归挖掘到 B 的最大频繁项集为频繁 4 项集{A:2，C:2，E:2，B:2}。

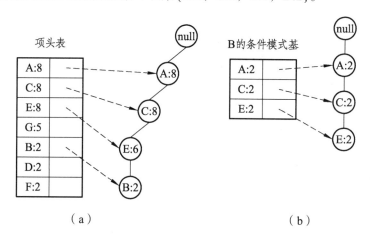

图 9-9　寻找 B 的条件模式基

继续挖掘 G 的频繁项集，挖掘到的 G 的条件模式基如图 9-10（b）所示，递归挖掘到 G 的最大频繁项集为频繁 4 项集{A:5，C:5，E:4，G:4}。

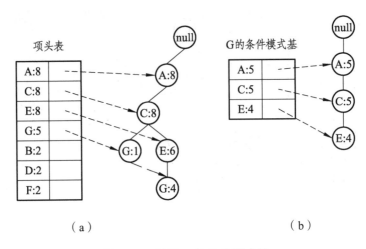

（a）　　　　　　　　　　　　　（b）

图 9-10　寻找 G 的条件模式基

E 的条件模式基如图 9-11（b）所示，递归挖掘到 E 的最大频繁项集为频繁 3 项集{A:6，C:6，E:6}。

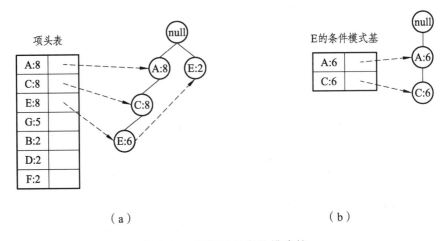

（a）　　　　　　　　　　　　　（b）

图 9-11　寻找 E 的条件模式基

C 的条件模式基如图 9-12（b）所示，递归挖掘到 C 的最大频繁项集为频繁 2 项集{A:8，C:8}。

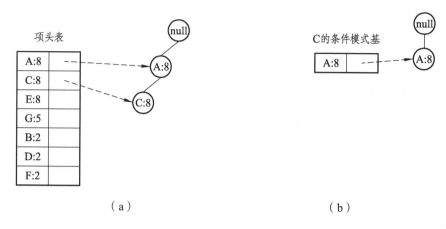

（a）　　　　　　　　　　　　　　（b）

图 9-12　寻找 C 的条件模式基

至于 A，由于它的条件模式基为空，因此可以不用去挖掘了。

至此我们得到了所有的频繁项集，如果我们只是要最大的频繁 K 项集，从上面的分析可以看到，最大的频繁项集为 5 项集，包括{A:2，C:2，E:2，B:2，F:2}。

通过上面的流程，相信大家对 FP Tree 的挖掘频繁项集的过程也很熟悉了。

5. FP Tree 算法归纳

这里我们对 FP Tree 算法流程做一个归纳。FP Tree 算法包括 5 步：

（1）扫描数据，得到所有频繁 1 项集的计数。然后删除支持度低于阈值的项，将 1 项频繁集放入项头表，并按照支持度降序排列。

（2）扫描数据，将读到的原始数据剔除非频繁 1 项集，并按照支持度降序排列。

（3）读入排序后的数据集并插入 FP 树，插入时按照排序后的顺序进行，排序靠前的节点是祖先节点，而靠后的是子孙节点。如果有共用的祖先，则对应的公用祖先节点计数加 1。插入后，如果有新节点出现，则项头表对应的节点会通过节点链表链接上新节点。直到所有的数据都插入到 FP 树后，FP 树建立完成。

（4）从项头表的底部项依次向上找到项头表项对应的条件模式基。从条件模式基递归挖掘得到项头表项的频繁项集。

（5）如果不限制频繁项集的项数，则返回步骤（4）所有的频繁项集，否则只返回满足项数要求的频繁项集。

6. FP Tree 算法总结

FP Tree 算法改进了 Apriori 算法的 I/O 瓶颈，巧妙地利用了树结构，这让我们想起了 BIRCH 聚类。BIRCH 聚类也是巧妙地利用了树结构来提高算法运行速度。利用内存数据结构以空间换时间是常用的提高算法运行时间瓶颈的办法。

在实践中，FP Tree 算法是可以用于生产环境的关联算法，而 Apriori 算法则作为先驱，起着关联算法指明灯的作用。除了 FP Tree，GSP，CBA 之类的算法都是 Apriori 派系的。

9.3.3 PrefixSpan 算法

前面我们讲解了频繁项集挖掘的关联算法 Apriori 和 FP Tree，这两个算法都是挖掘频繁项集的。本小节要介绍的 PrefixSpan 算法也是关联算法，但是它是挖掘频繁序列模式的，因此要解决的问题目标稍有不同。

1. 项集数据和序列数据

首先我们看看项集数据和序列数据有什么不同，如图 9-13 所示。

项集数据

TID	itemsets
10	a, b, d
20	a, c, d
30	a, d, e
40	b, e, f

（a）

序列数据

SID	sequences
10	<a(abc)(ac)d(cf)>
20	<(ad)c(bc)(ae)>
30	<(ef)(ab)(df)cb>
40	<eg(af)cbc>

（b）

图 9-13　项集数据与序列数据

图 9-13（a）所示的数据集就是项集数据，在 Apriori 和 FP Tree 算法中我们已经看到过了，每个项集数据由若干项组成，这些项没有时间上的先后关系。而图 9-13（b）所示的序列数据则不一样，它是由若干数据项集组成的序列。比如第一个序列<a（abc）（ac）d（cf）>，它由 a, abc, ac, d, cf 共 5 个项集数据组成，并且这些项有时间上的先后关系。对于多于一个项的项集我们要加上括号，以便和其他的项集分开。同时由于项集内部是不区分先后顺序的，为了方便数据处理，我们一般将序列数据内所有的项集内部按字母顺序排序。

2. 子序列与频繁序列

了解序列数据的概念后，我们再来看看子序列。子序列和我们数学上的子集概念很类似，也就是说，如果某个序列 A 所有的项集在序列 B 中的项集里都可以找到，则 A 就是 B 的子序列。当然，如果用严格的数学描述，子序列是这样的：

对于序列 $A=\{a_1,a_2,\cdots,a_n\}$ 和序列 $B=\{b_1,b_2,\cdots,b_m\}$ ，$n\leq m$ ，如果存在数字序列：

$1\leq j_1\leq j_2\leq\cdots\leq j_n\leq m$ ，满足 $a_1\subseteq b_{j_1},a_2\subseteq b_{j_2},\cdots,a_n\subseteq b_{j_n}$ ，则称 A 是 B 的子序列。当然，反过来 B 就是 A 的超序列。

而频繁序列则和我们的频繁项集很类似，也就是频繁出现的子序列。比如对于图 9-14，支持度阈值定义为 50%，也就是需要出现两次的子序列才是频繁序列。子序列<（ab）c>是频繁序列，因为它是图中的第一条数据和第三条序列数据的子序列，对应的位置用下划线标示。

序列数据

SID	sequences
10	<a(abc)(ac)d(cf)>
20	<(ad)c(bc)(ae)>
30	<(ef)(ab)(df)cb>
40	<eg(af)cbc>

支持度阈值 50%，<(ab)c> 是频繁序列

图 9-14　寻找频繁序列

3. PrefixSpan 算法基本术语

PrefixSpan 算法的全称是 Prefix-Projected Pattern Growth，即前缀投影的模式挖掘，里面有前缀（Prefix）和投影（Projected）两个词。

在 PrefixSpan 算法中，前缀通俗意义讲就是序列数据前面部分的子序列。比如对于序列数据 B=<a（abc）（ac）d（cf）>，而 A=<a（abc）a>，则 A 是 B 的前缀。当然 B 的前缀不止一个，比如<a>，<aa>，<a（ab）> 也都是 B 的前缀。

看了前缀，我们再来看前缀投影。其实前缀投影就是后缀，前缀加上后缀就可以构成一个序列。下面给出前缀和后缀的例子。对于某一个前缀，序列里前缀后面剩下的子序列即为后缀。如果前缀最后的项是项集的一部分，则用一个 "_" 来占位表示。

表 9-1 所示例子展示了序列<a（abc）（ac）d（cf）>的一些前缀和后缀，还是比较直观的。要注意的是，如果前缀的末尾不是一个完全的项集，则需要加一个占位符。

在 PrefixSpan 算法中，相同前缀对应的所有后缀的结合我们称为前缀对应的投影数据库。

表 9-1　序列<a（abc）（ac）d（cf）>的前缀和后缀例子

前缀	后缀（前缀投影）
<a>	<（abc）（ac）d（cf）>
<aa>	<（_bc）（ac）d（cf）>
<ab>	<（_c）（ac）d（cf）>

4. PrefixSpan 算法思想

PrefixSpan 算法的目标是挖掘出满足最小支持度的频繁序列。那么怎么去挖掘出所有满足要求的频繁序列呢？回忆 Apriori 算法，它是从频繁 1 项集出发，一步步地挖掘 2 项集，直到最大的 K 项集。PrefixSpan 算法也类似，它从长度为 1 的前缀开始挖掘序列模式，搜索对应的投影数据库得到长度为 1 的前缀对应的频繁序列，然后递归地挖掘长度为 2 的前缀所对应的频繁序列。以此类推，一直递归到不能挖掘到更长的前缀挖掘为止。

比如对应于我们前面的例子，支持度阈值为 50%。里面长度为 1 的前缀包括<a>，<b>，<c>，<d>，<e>，<f>，<g>，我们需要对这 7 个前缀分别递归搜索找各个前缀对应的频繁序列。如图 9-15 所示，每个前缀对应的后缀也标出来了。由于 g 只在序列 4 出现，支持度计数只有 1，因此无法继续挖掘。长度为 1 的频繁序列为<a>，<b>，<c>，<d>，<e>，<f>。去除所有序列中的 g，即第 4 条记录变成<e(af)cbc>。

id	sequences
10	<a(abc)(ac)d(cf)>
20	<(ad)c(bc)(ae)>
30	<(ef)(ab)(df)cb>
40	<eg(af)cbc>

<a><b><c><d><e><f><g>

<a>	<b>	<c>	<d>	<e>	<f>	<g>
4	4	4	3	3	3	1

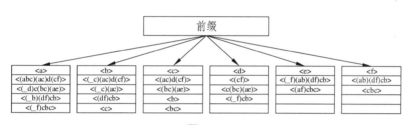

图 9-15

现在我们开始挖掘频繁序列，分别从长度为 1 的频繁项开始。这里以 d 为例子来递归挖掘，其他的节点递归挖掘方法和 d 一样。方法如图 9-16 所示，首先我们对 d 的后缀进行计数，得到{a:1，b:2，c:3，d:0，e:1，f:1，_f:1}。注意 f 和_f 是不一样的，因为前者是和前缀 d 不同的项集，而后者是和前缀 d 同项集。由于此时 a，d，e，f，_f 都达不到支持度阈值，因此我们递归得到的前缀为 d 的 2 项频繁序列为<db>和<dc>。接着我们分别递归 db 和 dc 为前缀所对应的投影序列。首先看 db 前缀，此时对应的投影后缀只有<_c(ae)>，_c，a，e 支持度均达不到阈值，因此无法找到以 db 为前缀的频繁序列。现在我们来递归另外一个前缀 dc，以 dc 为前缀的投影序列为<_f>，<(bc)(ae)>，<b>，此时我们进行支持度计数，结果为{b:2；a:1，c:1，e:1，_f:1}，只有 b 满足支持度阈值，因此我们得到前缀为 dc 的 3 项频繁序列为<dcb>。我们继续递归以<dcb>为前缀的频繁序列，由于前缀<dcb>对应的投影序列<(_c) ae>支持度全部不达标，因此不能产生4项频繁序列。至此以 d 为前缀的频繁序列挖掘结束，产生的频繁序列为<d><db><dc><dcb>。

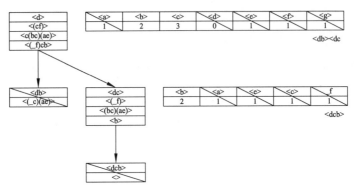

图 9-16　挖掘频繁序列

同样的方法可以得到其他以<a>，<b>，<c>，<e>，<f>为前缀的频繁序列。

5. PrefixSpan 算法流程

下面我们对 PrefixSpan 算法的流程做一个归纳总结。

输入：序列数据集 S 和支持度阈值 αα。

输出：所有满足支持度要求的频繁序列集。

（1）找出所有长度为 1 的前缀和对应的投影数据库。

（2）对长度为 1 的前缀进行计数，将支持度低于阈值 αα 的前缀对应的项从数据集 S 删除，同时得到所有的频繁 1 项序列，$i=1$。

（3）对于每个长度为 i 满足支持度要求的前缀进行递归挖掘：

① 找出前缀所对应的投影数据库。如果投影数据库为空，则递归返回。

② 统计对应投影数据库中各项的支持度计数。如果所有项的支持度计数都低于阈值 αα，则递归返回。

③ 将满足支持度计数的各个单项和当前的前缀进行合并，得到若干新

的前缀。

④ 令 $i=i+1$，前缀为合并单项后的各个前缀，分别递归执行第 3 步。

6. PrefixSpan 算法小结

PrefixSpan 算法由于不用产生候选序列，且投影数据库缩小得很快，内存消耗比较稳定，做频繁序列模式挖掘的时候效果很好。比起其他的序列挖掘算法（比如 GSP，FreeSpan）有较大优势，因此是在生产环境常用的算法。

PrefixSpan 运行时最大的消耗是递归地构造投影数据库。如果序列数据集较大且项数种类较多时，算法运行速度会有明显下降。因此，有一些 PrefixSpan 的改进版算法都是在优化构造投影数据库这一块下功夫，比如使用伪投影计数。

当然，使用大数据平台的分布式计算能力也是加快 PrefixSpan 运行速度一个好办法。比如 Spark 的 MLlib 就内置了 PrefixSpan 算法。

不过 Scikit-learn（一种机器学习库）始终不太重视关联算法，一直都不包括这一块的算法集成。

9.4　基于聚类算法的协同过滤

用聚类算法做协同过滤就和前面的基于用户或者项目的协同过滤相类似。我们可以按照用户或者按照物品基于一定的距离度量来进行聚类，如果基于用户聚类，则可以将用户按照一定距离度量方式分成不同的目标人群，将同样目标人群评分高的物品推荐给目标用户；基于物品聚类的话，则是将用户评分高物品的相似同类物品推荐给用户。常用的聚类推荐算法有 K-Means，BIRCH，DBSCAN 和谱聚类。

9.4.1　K-Means 聚类算法

1. K-Means 聚类算法原理

K-Means 算法是无监督的聚类算法，它实现起来比较简单，聚类效果也不错，因此应用很广泛。K-Means 算法有大量的变体，本文就从最传统的 K-Means 算法讲起，在其基础上讲述 K-Means 的优化变体方法，包括初始化优化 K-Means++，距离计算优化 elkan K-Means 算法和大数据情况下的优化 Mini Batch K-Means 算法。

　　K-Means 算法的思想很简单，对于给定的样本集，按照样本之间的距离大小，将样本集划分为 K 个簇。让簇内的点尽量紧密地连在一起，而让簇间的距离尽量的大。

　　如果用数据表达式表示，假设簇划分为 $(C_1,C_2,\cdots,C_k)$，我们的目标是最小化平方误差 E：

$$E = \sum_{i=1}^{k} \sum_{x \in C_i} \left\| x - \mu_i \right\|_2^2$$

式中，μ_i 是簇 C_i 的均值向量，有时也称为质心，表达式为

$$\mu_i = \frac{1}{|C_i|} \sum_{x \in C_i} x$$

　　直接求上式的最小值并不容易，这是一个 NP 难的问题，因此只能采用启发式的迭代方法。

　　K-Means 采用的启发式方式很简单，用下面一组图就可以形象地描述，如图 9-17 所示。

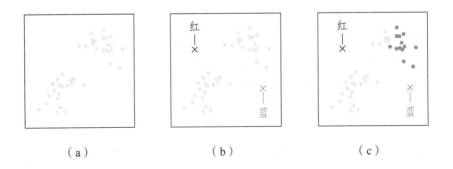

　　　（a）　　　　　　　（b）　　　　　　　（c）

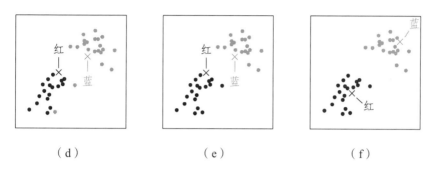

　　（d）　　　　　　　（e）　　　　　　　（f）

图 9-17　K-Means 的启发式方式

　　图 9-17（a）表达了初始的数据集，假设 $k=2$。在图 9-17（b）中，我们随机选择了两个 k 类所对应的类别质心，即图中的红色质心和蓝色质心，然后分别求样本中所有点到这两个质心的距离，并标记每个样本的类别为和该样本距离最小的质心的类别，如图 9-17（c）所示，经过计算样本和红色质心和蓝色质心的距离，我们得到了所有样本点的第一轮迭代后的类别。此时我们对我们当前标记为红色和蓝色的点分别求其新的质心，如图 9-17（d）所示，新的红色质心和蓝色质心的位置已经发生了变动。图 9-17（e）和（f）重复了我们在图 9-17（c）和（d）的过程，即将所有点的类别标记为距离最近的质心的类别并求新的质心。最终我们得到的两个类别如图 9-17（f）所示。

　　当然在实际 K-Mean 算法中，我们一般会多次运行图 9-17（c）和（d），才能达到最终的比较优的类别。

2. 传统 K-Means 算法流程

　　前面我们对 K-Means 的原理做了初步的探讨，这里我们对 K-Means 的算法做一个总结。

　　我们先看看 K-Means 算法的一些要点。

　　（1）对于 K-Means 算法，首先要注意的是 k 值的选择。一般来说，我们会根据对数据的先验经验选择一个合适的 k 值，如果没有什么先验知识，则可以通过交叉验证选择一个合适的 k 值。

（2）在确定了 k 的个数后，我们需要选择 k 个初始化的质心，就像图 9-17（b）中的随机质心。由于我们采用启发式方法，k 个初始化的质心的位置选择对最后的聚类结果和运行时间都有很大的影响，因此需要选择合适的 k 个质心，最好这些质心不能太近。

现在我们来总结下传统的 K-Means 算法流程。

输入是样本集 $D = \{x_1, x_2, \cdots, x_m\}$，聚类的簇数 k，最大迭代次数 N。

输出是簇划分 $C = \{c_1, c_2, \cdots, c_k\}$。

（1）从数据集 D 中随机选择 k 个样本作为初始的 k 个质心向量：$\{\mu_1, \mu_2, \cdots, \mu_k\}$。

（2）对于 $n = 1, 2, \cdots, N$：

① 将簇划分 C 初始化 $C_t = \phi$，$t = 1, 2, \cdots, k$。

② 对于 $i = 1, 2, \cdots, m$，计算样本 x_i 和各个质心向量 $\mu_j(j = 1, 2, \cdots, k)$ 的距离：

$$d_{ij} = \left\| x_i - u_j \right\|_2^2$$

将 x_i 的最小 d_{ij} 标记为类别 C_{λ_i}，更新 $C_{\lambda_i} = C_{\lambda_i} \bigcup \{x_i\}$

③ 对于 $j = 1, 2, \cdots, k$，对 C_j 中的所有样本重新计算新的质心：

$$\mu_j = \frac{1}{\left|C_j\right|} \sum_{x \in C_j} x$$

④ 如果所遇的质心向量都没有发生变化，则转到步骤（3）。

（3）输出簇划分 $C = \{c_1, c_2, \cdots, c_k\}$。

3. K-Means 初始化优化 K-Means++

前面我们提到，k 个初始化质心的位置选择对最后的聚类结果和运行时间都有很大的影响，如果仅仅是完全随机的选择，有可能导致算法收敛很慢，因此需要选择合适的 k 个质心。K-Means++算法就是对 K-Means 随机初始化质心方法的优化。

K-Means++的对于初始化质心的优化策略也很简单，如下：

（1）从输入的数据点集合中随机选择一个点作为第一个聚类中心 μ_1。

（2）对于数据集中的每一个点 x_i，计算它与已选择的聚类中心中最近聚类中心的距离 $D(x_i) = \arg\min \|x_i - x_r\|_2^2, r = 1, 2, \cdots k_{selected}$。

（3）选择一个新的数据点作为新的聚类中心，选择的原则是：$D(x)$ 较大的点，被选取作为聚类中心的概率较大。

（4）重复（2）和（3）直到选择出 k 个聚类质心。

（5）利用这 k 个质心来作为初始化质心去运行标准的 K-Means 算法。

4. K-Means 距离计算优化 elkan K-Means

传统的 K-Means 算法中，我们在每轮迭代时要计算所有的样本点到所有质心的距离，这样会比较的耗时。那么，对于距离的计算有没有能够简化的地方呢？elkan K-Means 算法就是从这块入手并加以改进，它的目标是减少不必要距离的计算。那么哪些距离不需要计算呢？

elkan K-Means 利用了两边之和大于等于第三边，以及两边之差小于第三边的三角形性质，来减少距离的计算。

第一种规律是对于一个样本点 x 和两个质心 μ_{j_1}, μ_{j_2}，预先计算出两个质心间的距离 $D(\mu_{j_1}, \mu_{j_2})$，如果计算发现 $2D(x, \mu_{j_1}) \leqslant D(\mu_{j_1}, \mu_{j_2})$，我们立即就可以知道 $D(x, \mu_{j_1}) \leqslant D(x, \mu_{j_2})$，此时便不需要再计算 $D(x, \mu_{j_2})$。

第二种规律是对于一个样本点 x 和两个质心 μ_{j_1}, μ_{j_2}，我们可以得到

$$D(x, \mu_{j_2}) \geqslant \max\{0, D(x, \mu_{j_1}) - D(\mu_{j_1}, \mu_{j_2})\}$$

利用上边的两个规律，elkan K-Means 比起传统 K-Means 的迭代速度有很大的提高。但是如果我们的样本特征是稀疏的，有缺失值的话，这个方法就不适用了，此时某些距离无法计算，则不能使用该算法。

5. 大样本优化 Mini Batch K-Means

在传统的 K-Means 算法中，要计算所有的样本点到所有的质心的距离。如果样本量非常大，比如达到 10 万以上，特征有 100 以上，此时用传统的 K-Means 算法将非常耗时，就算加上 elkan K-Means 优化也依旧烦琐。在

大数据时代，这样的场景越来越多。此时 Mini Batch K-Means 应运而生。

Mini Batch，顾名思义，也就是用样本集中的一部分样本来做传统的 K-Means，这样可以避免样本量太大时的计算难题，算法收敛速度大大加快。当然此时的代价就是我们的聚类精确度也会有一些降低。一般来说这个降低的幅度在可以接受的范围之内。

在 Mini Batch K-Means 中，我们会选择一个合适的批样本大小 batch size，我们仅仅用 batch size 个样本来做 K-Means 聚类。batch size 个样本一般是通过无放回的随机采样得到的。

为了增加算法的准确性，我们一般会多跑几次 Mini Batch K-Means 算法，用得到不同的随机采样集来得到聚类簇，选择其中最优的聚类簇。

6. K-Means 与 KNN

初学者很容易把 K-Means 和 KNN 搞混，两者差别其实还是很大的。

K-Means 是无监督学习的聚类算法，没有样本输出；而 KNN 是监督学习的分类算法，有对应的类别输出。KNN 基本不需要训练，对测试集里面的点，只需要找到在训练集中最近的 k 个点，用这最近的 k 个点的类别来决定测试点的类别。而 K-Means 则有明显的训练过程，找到 k 个类别的最佳质心，从而决定样本的簇类别。

当然，两者也有一些相似点，即两个算法都包含一个过程：找出和某一个点最近的点。两者都利用了最近邻（Nearest Neighbors）的思想。

7. K-Means 小结

K-Means 是个简单实用的聚类算法，这里对 K-Means 的优缺点做一个总结。

K-Means 的主要优点有：

（1）原理比较简单，实现也很容易，收敛速度快。

（2）聚类效果较优。

（3）算法的可解释度比较强。

（4）主要需要调参的参数仅仅是簇数 k。

K-Means 的主要缺点有：

（1）k 值的选取不好把握。

（2）对于不是凸的数据集比较难收敛。

（3）如果各隐含类别的数据不平衡，比如各隐含类别的数据量严重失衡，或者各隐含类别的方差不同，则聚类效果不佳。

（4）采用迭代方法，得到的结果只是局部最优。

（5）对噪声和异常点比较敏感。

9.4.2　BIRCH 聚类算法

在 K-Means 聚类算法原理中，我们讲到了 K-Means 和 Mini Batch K-Means 的聚类原理。这里我们再来看看另外一种常见的聚类算法 BIRCH。BIRCH 算法比较适合于数据量大，类别数 K 也比较多的情况。它运行速度很快，只需要单遍扫描数据集就能进行聚类，当然需要用到一些技巧，下面我们就对 BIRCH 算法做一个介绍。

1. BIRCH 概述

BIRCH 的全称是利用层次方法的平衡迭代规约和聚类（Balanced Iterative Reducing and Clustering Using Hierarchies），它是用层次方法来聚类和规约数据的。

BIRCH 算法利用了一个树结构来帮助我们快速地聚类，这个树结构类似于平衡 B+树，一般将它称之为聚类特征树（Clustering Feature Tree，CF Tree）。这棵树的每一个节点是由若干个聚类特征（Clustering Feature，CF）组成。从图 9-18 我们可以看看聚类特征树是什么样子的：每个节点包括叶子节点都有若干个 CF，而内部节点的 CF 有指向孩子节点的指针，所有的叶子节点用一个双向链表链接起来。

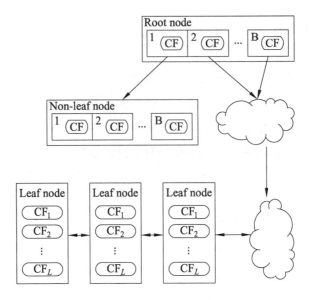

图 9-18 聚类特征树

有了聚类特征树的概念，我们再对聚类特征树和其中节点的聚类特征 CF 做进一步的讲解。

2. 聚类特征 CF 与聚类特征树 CF Tree

在聚类特征树中，一个聚类特征 CF 是这样定义的：每一个 CF 是一个三元组，可以用（N，LS，SS）表示。其中，N 代表了这个 CF 中拥有的样本点的数量；LS 代表了这个 CF 中拥有的样本点各特征维度的和向量；SS 代表了这个 CF 中拥有的样本点各特征维度的平方和。举个例子，如图 9-19 所示，在 CF Tree 中的某一个节点的某一个 CF 中，有 5 个样本（3，4），（2，6），（4，5），（4，7），（3，8），则对应的

$N=5$；

$LS=$（3+2+4+4+3，4+6+5+7+8）=（16，30）；

$SS=(3^2+2^2+4^2+4^2+3^2+4^2+6^2+5^2+7^2+8^2)=$（54+190）=244。

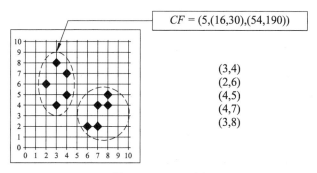

图 9-19　CF 示例

CF 有一个很好的性质，就是满足线性关系，也就是 $CF_1+CF_2=(N_1+N_2,$ $LS_1+LS_2, SS_1+SS_2)$。这个性质从定义也很好理解，如果把这个性质放在 CF Tree 上，也就是说，在 CF Tree 中，对于每个父节点中的 CF 节点，它的 (N, LS, SS) 三元组的值等于这个 CF 节点所指向的所有子节点的三元组之和，如图 9-20 所示。

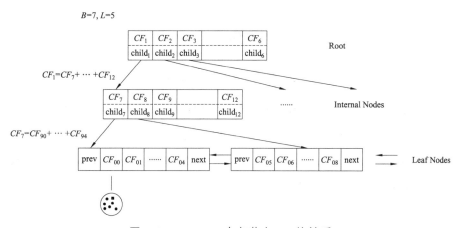

图 9-20　CF Tree 中各节点 CF 的关系

从图 9-20 中可以看出，根节点 CF_1 的三元组值，可以从它指向的 6 个子节点（$CF_7 \sim CF_{12}$）的值相加得到。这样我们在更新 CF Tree 的时候，可以很高效。

对于 CF Tree，我们一般有几个重要参数，第一个参数是每个内部节点的最大 CF 数 B，第二个参数是每个叶子节点的最大 CF 数 L，第三个参数是针对叶子节点中某个 CF 中的样本点来说的，它是叶节点每个 CF 的最大样本半径阈值 T，也就是说，在这个 CF 中的所有样本点一定要在半径小于 T 的一个超球体内。对于图 9-20 中的 CF Tree，限定了 $B=7$，$L=5$，也就是说内部节点最多有 7 个 CF，而叶子节点最多有 5 个 CF。

3. 聚类特征树 CF Tree 的生成

下面看看怎么生成 CF Tree。我们先定义好 CF Tree 的参数，即内部节点的最大 CF 数 B，叶子节点的最大 CF 数 L，叶节点每个 CF 的最大样本半径阈值 T。在最开始的时候，CF Tree 是空的，没有任何样本，我们从训练集读入第一个样本点，将它放入一个新的 CF 三元组 A，这个三元组的 $N=1$，将这个新的 CF 放入根节点，此时的 CF Tree 如图 9-21 所示。

图 9-21　读入第一个样本点

现在继续读入第二个样本点，我们发现这个样本点和第一个样本点 A，在半径为 T 的超球体范围内，也就是说，它们属于一个 CF。将第二个点也加入 CF A，此时需要更新 A 的三元组的值，同时 A 的三元组中 $N=2$。此时的 CF Tree 如图 9-22 所示。

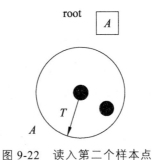

图 9-22　读入第二个样本点

此时来了第三个节点，结果我们发现这个节点不能融入刚才前面的节点形成的超球体内，也就是说，我们需要一个新的 CF 三元组 B 来容纳这个新的值。此时根节点有两个 CF 三元组 A 和 B，其 CF Tree 如图 9-23 所示。

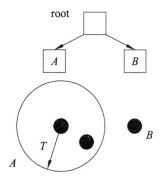

图 9-23　读入第三个样本点

当来到第四个样本点的时候，我们发现和 B 在半径小于 T 的超球体，这样更新后的 CF Tree 如图 9-24 所示。

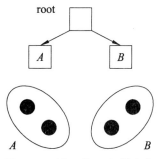

图 9-24　读入第四个样本点

那什么时候 CF Tree 的节点需要分裂呢？假设我们现在的 CF Tree 如图 9-25 所示，叶子节点 LN_1 有三个 CF，LN_2 和 LN_3 各有两个 CF。我们的叶子节点的最大 CF 数 $L=3$。此时一个新的样本点来了，我们发现它离 LN_1 节点最近，因此开始判断它是否在 sc_1，sc_2，sc_3 这 3 个 CF 对应的超球体之内，但是不在，因此需要建立一个新的 CF，即 sc_8 来容纳它。但问题是我们的 $L=3$，也就是说 LN_1 的 CF 个数已经达到最大值了，不能再创建新的 CF 了，怎么办？此时就要将 LN_1 叶子节点一分为二了。

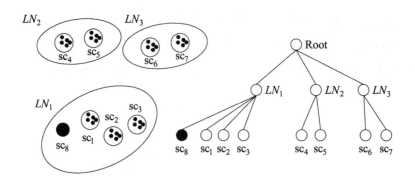

图 9-25　加入新样本点 sc_8

我们在 LN_1 里所有 CF 元组中，找到两个最远的 CF 做这两个新叶子节点的种子 CF，然后将 LN_1 节点里所有 CF sc_1, sc_2, sc_3，以及新样本点的新元组 sc_8 划分到两个新的叶子节点上。将 LN_1 节点划分后的 CF Tree 如图 9-26 所示。

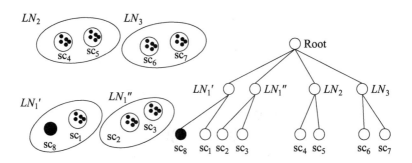

图 9-26　将 LN1 节点划分后的 CF Tree 结构

如果我们的内部节点的最大 CF 数 $B=3$，则此时叶子节点一分为二会导致根节点的最大 CF 数超出，也就是说，根节点现在也需要分裂，分裂的方法和叶子节点分裂一样，分裂后的 CF Tree 如图 9-27 所示。

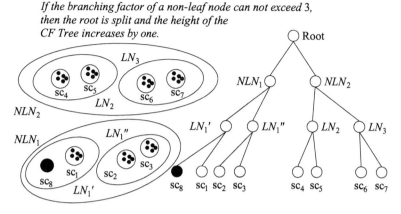

图 9-27　分裂根节点后的 CF Tree

通过上面分析，相信大家对于 CF Tree 的插入有了一定了解，总结如下：

（1）从根节点向下寻找和新样本距离最近的叶子节点和叶子节点里最近的 CF 节点。

（2）如果新样本加入后，这个 CF 节点对应的超球体半径仍然满足小于阈值 T，则更新路径上所有的 CF 三元组，插入结束。否则转入（3）。

（3）如果当前叶子节点的 CF 节点个数小于阈值 L，则创建一个新的 CF 节点，放入新样本，将新的 CF 节点放入这个叶子节点，更新路径上所有的 CF 三元组，插入结束。否则转入（4）。

（4）将当前叶子节点划分为两个新叶子节点，选择旧叶子节点中所有 CF 元组里超球体距离最远的两个 CF 元组，分布作为两个新叶子节点的第一个 CF 节点。将其他元组和新样本元组按照距离远近原则放入对应的叶子节点。依次向上检查父节点是否也要分裂，如果需要按和叶子节点相同方式分裂。

4. BIRCH 算法

现在介绍 BIRCH 算法流程。其实将所有的训练集样本建立了 CF Tree，一个基本的 BIRCH 算法就完成了，对应的输出就是若干个 CF 节点，每个节点里的样本点就是一个聚类的簇。也就是说 BIRCH 算法的主要过程就是建立 CF Tree 的过程。

当然，真实的 BIRCH 算法除了建立 CF Tree 来聚类，还有一些可选的算法步骤，现在我们就来看看 BIRCH 算法的流程。

（1）将所有的样本依次读入，在内存中建立一颗 CF Tree，建立的方法参考前述内容。

（2）（可选）将第一步建立的 CF Tree 进行筛选，去除一些异常 CF 节点，这些节点一般里面的样本点很少。对于一些超球体距离非常近的元组进行合并。

（3）（可选）利用其他的一些聚类算法比如 K-Means 对所有的 CF 元组进行聚类，得到一棵比较好的 CF Tree。这一步的主要目的是消除由于样本读入顺序导致的不合理的树结构，以及一些由于节点 CF 个数限制导致的树结构分裂。

（4）（可选）利用（3）中生成的 CF Tree 的所有 CF 节点的质心，作为初始质心点，对所有的样本点按距离远近进行聚类。这样进一步减少了由于 CF Tree 的一些限制导致的聚类不合理的情况。

从上面可以看出，BIRCH 算法的关键就是步骤（1），也就是 CF Tree 的生成，其他步骤都是为了优化最后的聚类结果。

5. BIRCH 算法小结

BIRCH 算法可以不用输入类别数 K 值，这点和 K-Means，Mini Batch K-Means 不同。如果不输入 K 值，则最后的 CF 元组的组数即为最终的 K，否则会按照输入的 K 值对 CF 元组按距离大小进行合并。

一般来说，BIRCH 算法适用于样本量较大的情况，这点和 Mini Batch K-Means 类似，但是 BIRCH 适用于类别数比较大的情况，而 Mini Batch K-Means 一般用于类别数适中或者较少的时候。BIRCH 除了聚类还可以额外做一些异常点检测和数据初步按类别规约的预处理。但是如果数据特征的维度非常大，比如大于 20，则 BIRCH 不太适合，此时 Mini Batch K-Means 表现较好。

对于调参，BIRCH 要比 K-Means，Mini Batch K-Means 复杂，因为它

需要对 CF Tree 的几个关键的参数进行调参，这几个参数对 CF Tree 的最终形式影响很大。

最后总结下 BIRCH 算法的优缺点：

BIRCH 算法的主要优点有：

（1）节约内存，所有的样本都在磁盘上，CF Tree 仅仅存了 CF 节点和对应的指针。

（2）聚类速度快，只需要一遍扫描训练集就可以建立 CF Tree，CF Tree 的增删改都很快。

（3）可以识别噪声点，还可以对数据集进行初步分类的预处理。

BIRCH 算法的主要缺点有：

（1）由于 CF Tree 对每个节点的 CF 个数有限制，导致聚类的结果可能和真实的类别分布不同。

（2）对高维特征的数据聚类效果不好。此时可以选择 Mini Batch K-Means。

（3）如果数据集的分布簇不是类似于超球体，或者说不是凸的，则聚类效果不好。

9.4.3　DBSCAN 密度聚类算法

1. 密度聚类原理

DBSCAN（Density-Based Spatial Clustering of Applications with Noise，具有噪声的基于密度的聚类方法）是一种很典型的密度聚类算法，和 K-Means、BIRCH 这些一般只适用于凸样本集的聚类相比，DBSCAN 既可以适用于凸样本集，也可以适用于非凸样本集。DBSCAN 是一种基于密度的聚类算法，这类密度聚类算法一般假定类别可以通过样本分布的紧密程度决定。同一类别的样本，它们之间是紧密相连的，也就是说，在该类别任意样本周围不远处一定有同类别的样本存在。通过将紧密相连的样本划为一类，这样就得到了一个聚类类别；通过将所有各组紧密相连的样本划为各个不同的类别，则我们就得到了最终的所有聚类类别结果。

2. DBSCAN 密度定义

DBSCAN 是基于一组邻域来描述样本集的紧密程度的，用参数 $(\varepsilon, Minpts)$ 描述邻域的样本分布紧密程度。其中，ε 描述某一样本的邻域距离阈值，Minpts 描述了某一样本的距离为 ε 的邻域中样本个数的阈值。设样本集 $D = \{x_1, x_2, \cdots, x_m\}$，则 DBSCAN 的定义描述如下：

（1）ε-邻域：对于 $\forall x_i \in D$，其中 ε-邻域包含样本集中 D 与 x_i 的距离不大于的子样本集，即：$N_\varepsilon(x_i) = \{x_i \in D \mid d_{ij} = \text{distance}(x_i, x_j) \leqslant \varepsilon, i, j = 1, 2, \cdots, m, j \neq i\}$，则子样本集的大小记为 $|N_\varepsilon(x_i)|$。

（2）核心对象：对于 $\forall x_i \in D$，如果 $|N_\varepsilon(x_i)| \geqslant Minpts$，则 x_i 称为核心对象。

（3）密度直达：如果 x_j 位于 x_i 的 ε-邻域中，且 x_i 是核心对象，则称 x_j 由 x_i 密度直达。注意反之不一定成立，即此时不能说 x_i 由 x_j 密度直达，除非 x_j 且也是核心对象。

（4）密度可达：对于 x_i 和 x_h，如果存在样本序列 $p_1, p_2, \cdots, p_K$，满足 $p_1 = x_i, p_K = x_h$，且 p_{k+1} 由 p_k 密度直达，则称 x_h 由 x_i 密度可达。也就是说密度可达满足传递性，其中 $p_1, p_2, \cdots, p_{K-1}$ 均为核心对象，不满足对称性。

（5）密度相连：对于 x_i 和 x_j，如果存在核心对象样本 x_k，使 x_j 和 x_i 均由 x_k 密度可达，则称 x_i 和 x_j 密度相连。注意密度相连关系是满足对称性的。

从图 9-28 中可以很容易理解上述定义，图中 Minpts=5，浅色的点都是核心对象，因为其 ε-邻域至少有 5 个样本。黑色的样本是非核心对象。所有核心对象密度直达的样本在以红色核心对象为中心的超球体内，如果不在超球体内，则不能密度直达。图中用绿色箭头连起来的核心对象组成了密度可达的样本序列。在这些密度可达的样本序列的 ε-邻域内所有的样本相互都是密度相连的。

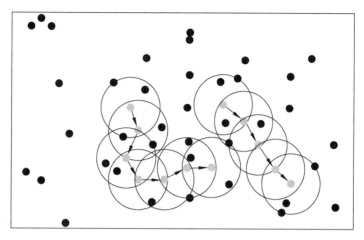

图 9-28

3. DBSCAN 聚类算法

下面我们给出 DBSCAN 聚类算法流程：

输入：样本集 $D = \{x_1, x_2, \cdots, x_m\}$，参数 $(\varepsilon, Minpts)$，距离度量方法。

输出：聚类簇 C。

步骤：

（1）初始化：核心对象 $\Omega = \phi$，聚类簇数 $k = 0$，未访问样本集 $\Gamma = \phi$，簇划分 $C = \phi$。

（2）寻找核心对象：对于 $i = 1, 2, \cdots, m$，按下面的步骤寻找核心对象。

① 通过度量公式求所有 d_{ij}，求得 x_i 的 ε-邻域子样本集 $N_\varepsilon(x_i)$；

② 如果子样本集样本个数满足 $|N_\varepsilon(x_i)| \geqslant Minpts$，则将 x_i 加入核心对象集 $\Omega = \Omega \bigcup \{x_i\}$。

（3）如果核心对象集合满足 $\Omega = \phi$，则算法结束，否则转入第（4）步。

（4）在核心对象集合 Ω 中随机选择一个核心对象 σ，初始化当前簇核心对象队列 $\Omega_{cur} = \{\sigma\}$，初始化类别序号 $k = k+1$，初始化当前簇样本集合 $C_k = \{\sigma\}$，更新未访问样本集 $\Gamma = \Gamma - \{\sigma\}$。

（5）如果当前簇核心对象队列满足 $\Omega_{cur} = \phi$，则当前聚类簇 C_k 生成完毕，更新簇划分 $C = \{C_1, C_2, \cdots, C_k\}$，更新核心对象集合 $\Omega = \Omega - C_k$，转入步

骤（3）；否则更新核心对象集合 $\Omega = \Omega - C_k$。

（6）在当前簇核心对象集合中取出一个核心对象 σ'，通过邻域距离阈值 ε 找出所有 ε-邻域子样本集 $N_\varepsilon(\sigma')$，令 $\Theta = N_\varepsilon(\sigma') \bigcap \Gamma$，则更新当前簇样本集 $C_k = C_k \bigcup \Theta$，更新未访问样本集 $\Gamma = \Gamma - \Theta$，更新当前簇核心对象集 $\Omega_{cur} = \Omega_{cur} \bigcup (\Theta \bigcap \Omega) - \sigma'$，转入步骤（5）。

4. DBSCAN 小结

和传统的 K-Means 算法相比，DBSCAN 最大的不同就是不需要输入类别数 k，当然它最大的优势是可以发现任意形状的聚类簇，而不是像 K-Means，一般仅仅适用于凸的样本集聚类。同时它在聚类的同时还可以找出异常点，这点和 BIRCH 算法类似。一般来说，如果数据集是稠密的，并且数据集不是凸的，那么用 DBSCAN 会比 K-Means 聚类效果好很多。如果数据集不是稠密的，则不推荐用 DBSCAN 来聚类。

DBSCAN 的主要优点有：

（1）可以对任意形状的稠密数据集进行聚类，相对地，K-Means 之类的聚类算法一般只适用于凸数据集。

（2）可以在聚类的同时发现异常点，对数据集中的异常点不敏感。

（3）聚类结果没有偏倚，相对地，K-Means 之类的聚类算法初始值对聚类结果有很大影响。

DBSCAN 的主要缺点有：

（1）如果样本集的密度不均匀、聚类间距差相差很大时，聚类质量较差，这时用 DBSCAN 聚类一般不适合。

（2）如果样本集较大时，聚类收敛时间较长，此时可以对搜索最近邻时建立的 KD 树或者球树进行规模限制来改进。

（3）调参相对于传统的 K-Means 之类的聚类算法稍复杂，主要需要对距离阈值 ε，邻域样本数阈值 $Minpts$ 联合调参，不同的参数组合对最后的聚类效果有较大影响。

9.5　推荐算法的研究新方向

当然，推荐算法也在不断地变革，目前最流行的是基于逻辑回归推荐算法。可能取代逻辑回归之类的传统协同过滤算法如下：

（1）基于集成学习的方法和混合推荐：这个和混合推荐也结合在一起了。由于集成学习的成熟，在推荐算法上也有较好的表现。一个可能取代逻辑回归的算法是 GBDT。目前 GBDT 在很多算法比赛都有好的表现，而有工业级的并行化实现类库支持。

（2）基于矩阵分解的方法：由于简单，一直受到青睐。目前开始渐渐流行的矩阵分解方法有分解机（Factorization Machine）和张量分解（Tensor Factorization）。

（3）基于深度学习的方法：目前两层的神经网络 RBM 都已经有非常好的推荐算法效果，而随着深度学习和多层神经网络的兴起，基于 CNN 和 RNN 的推荐算法将成为主流。

9.6　小　结

协同过滤作为一种经典的推荐算法种类，在工业界应用广泛，它的优点很多，模型通用性强，不需要太多对应数据领域的专业知识，工程实现简单，效果也不错，这些都是它流行的原因。当然，协同过滤也有些难以避免的难题，比如令人头疼的"冷启动"问题，我们没有新用户任何数据的时候，无法较好地为新用户推荐物品。同时也没有考虑情景的差异，比如根据用户所在的场景和用户当前的情绪。当然，也无法得到一些小众的独特喜好，这块是基于内容的推荐比较擅长的。

9.7　参考文献

[１] 项亮. 推荐系统实践[M]. 北京：人民邮电出版社，2012.

[２] 许国根，贾瑛. 模式识别与人工智能计算的 Matlab 实现[M]. 北京：

北京航空航天大学出版社，2012.

[3] 张良均，杨坦. matlab 数据分析与挖掘实践[M]. 北京：机械工业出版
社，2016.

[4] MOTWANI R, RAGHAVAN P. 随机算法[M]. 孙广中，黄宇，李世胜，
译. 北京：高等教育出版社，2008.

[5] 刘同明. 数据挖掘技术及其应用[M]. 北京：国防工业出版社，2001.